U0018917

向外看的
洞見

如何在資訊淹沒的世界找出最有價值的趨勢？

Outside Insight

Navigating a World Drowning in Data

Jorn Lyseggen

約恩・里賽根——著

王婉卉——譯

獻給凱伊與伊茲，
你們誕生的時候，我就中了宇宙樂透了。
我真以你們為傲。我非常愛你們。

Oi 向外看的洞見
目錄

第 3 部
外部洞見實戰篇

第 4 部
外部洞見的未來

（Fortune）全球 500 大」企業。我們為每個產業服務，客戶形形色色，從可口可樂到梵蒂岡都名列其中。我們從創業初期時的小規模出發，如今已成長到擁有 1,400 名員工，設有 60 處橫跨六大洲的據點。

　　我們從客戶身上學到利用外部資訊的絕妙方法。除了顯而易見的運用方式外（像是當作競爭情報、衡量客戶滿意程度與產品開發參考），我們也碰上各種原本並未預料到的驚人實際使用情形。奧斯陸大學（University of Oslo）利用我們提供的服務，計算挪威文中「番茄醬」（ketchup）這個字的新拼法花了多久才固定下來。一家位於瑞典南部的十人公司販售 windows（是指玻璃的窗戶，不是微軟那套軟體），追蹤了當地有關竊盜案的新聞報導，以便取得銷售線索。某個歐洲國家的政府機構分析網路聊天群組，調查疑似內線交易的可能行為。

　　幾年下來，我們和全球各地的客戶合作，看到了他們能從外部資訊萃取出來的價值，讓我們逐漸發現自己對外部資訊將在決策中扮演的角色，連冰山一角的潛力都還沒挖掘出來。

　　消費者和公司企業今日以前所未有的速度產生網路內容。消費者投入網路與社群媒體的程度皆顯示出穩定成長。公司企業都欣然把網路當作策略戰場，用來推廣自家品牌、推銷產品、招募人才，也同時增加了網路投資

與內容製作。隨著更多的全新豐富內容可在網路公開取得，比以往更為複雜完善的商業洞見也能由此而生。

我認為就企業決策而言，我們正處於巨大轉變的最前線。我認為在未來幾年，利用網路資訊的方式將會改變董事會要如何運作、我們要如何發展策略、要如何評估公司的健康狀態、高階主管要如何賺取薪水。

這些都是令人難以置信的前景，也絕對遠超出我在2001 年成立融文時所能想像的情況。多虧了全球資訊網和社群媒體的崛起，**網路已經成為消費者洞見和競爭情報的豐富寶庫**。今日，這份資訊有大半都沒有被充分利用。身處日益激烈又步調快速的競爭環境中，公司企業都想運用手段，提高自身的競爭地位，不過，只有最具備「為變化預做準備並根據變化採取回應行動」這兩種能力的企業才會勝出。而其中最關鍵的一點，就在於企業是否能善用**外部資料**，並從外部創造內在洞見了。

約恩・里賽根
2017 年 3 月，舊金山

本書提出了一種新的決策典範。

這種典範稱為「外部洞見」……

未來幾十年的
思維模式

2016 年 4 月 25 日，負責撰寫矽谷生態環境新聞的科技部落格「創投脈動」（VentureBeat）報導，在蘋果公司（Apple）將要公布第一季財務報告的當週，公司解雇了所有獵才顧問。[1] 此舉被視為不祥的徵兆，而蘋果在隔天公布了財務數據，顯示營收下滑了 13%。[2] 這是 13 年來蘋果公布的銷售量首季出現負成長。市場對銷量暴跌的反應，是讓蘋果市值蒸發了 58 億美元，幾乎等同於德國汽車公司 BMW 的市值。

本書將描述企業與大眾在網路留下的資訊中,可以找到具有價值的洞見——我們的「數位麵包屑」(digital breadcrumbs)——以及這些資訊在企業決策中大多都受到忽視。徵才公告、社群媒體、部落格、專利申請都是具有遠見資訊的豐富來源。這些資訊透露了一家公司投資了多少、公司客戶有多滿意、公司未來的市場地位。儘管這些資訊來源具有顯而易見的策略價值,今日卻不常被拿來善用。本書將會呈現,那些確實注意到這種新型態資料類型的人,將更能掌握自己身處的競爭局勢,並取得相對其他競爭對手而言的「不公平」優勢。

◌ 外部洞見的故事

本書將講述許多不同組織的故事,這些組織都早已在運用外部洞見,取得競爭上的優勢,並改善他們的決策過程。

紐約警局的特殊臉書監測小組能夠利用臉書資料,追查殺害了無辜被捲入幫派鬥爭交火的青少年的犯人,並證明他們有罪,而這項罪行沒有任何目擊者。

YouTube 早期將自家與競爭對手的媒體報導進行基準化比較,瞭解自己在建立品牌和創造追隨者的方面有多成功。媒體提及 YouTube 的次數在初期就遙遙領先,即是在早期就暗示了 YouTube 會在網路影片領域成為贏

家。

美國零售商「跑道」（Racetrac）利用外部資料，提高營收預測的準確度。該公司納入外部領先指標，也就是通常不會列入編列預算的資料，得以減少 15% 的預測誤差。

瑞典手錶品牌 Daniel Wellington 使用 Instagram 作為主要行銷通路，僅花了四年，就從一間微不足道的公司，搖身變為手錶賣得比勞力士（Rolex）還多的品牌。Daniel Wellington 動員客戶，讓他們成為品牌大使，示範了新一代品牌「天生善於社交」，也完全掌握了今日數位世界的爆紅潛力。

印度國產通訊軟體 Hike 有辦法以不到三年的時間，超越臉書即時通的使用人數，成為印度第二受歡迎的通訊軟體，只輸給了 WhatsApp。Hike 的祕密武器就是運用精準的社群媒體分析工具，將結果回報給產品開發部門。在社群媒體中發現的消費者偏好都會作為參考，用以慎重決定新的產品功能。

EQT 為頂尖的歐洲創投公司，正在打造先進的資料科學工具，稱為「母腦」（Motherbrain），該公司想藉此找出具有集客力的創業初期公司。這項行動計畫是基於公司企業成長並逐漸取得成功的期間，會留下網路麵包屑，像是徵才公告、社群媒體的話題、媒體報導。EQT 希望透過運用先進軟體，監測網路生成的資訊，可

以比競爭對手早一步找到歐洲最具前途的新創公司。

　　社群媒體也能用於預測選舉結果。2016 年，融文公司正確預測了英國脫歐公投的結果，以及川普在美國總統大選中勝出。傳統民意調查在上述兩個實例中都指出了不一樣的結果，但網路分析卻描繪出更精準的局勢，並顯示出英國脫歐和川普勝選在社群媒體中都獲得壓倒性的支持。開票結束後，比起傳統民調，兩者的實際結果都更符合社群媒體的分析。

新決策典範

　　多數公司企業今日並未以系統性的方式善用外部資料，反而把分析與嚴謹態度集中於內部資料上，比如公司的財務資訊。這種經營方式的問題在於非常被動。內部資料是歷史事件的最終結果。只根據像上一季財報的內部資料來經營一家公司，就像看著後視鏡開車一樣。

　　本書的主要論點是，**決策的方式將會進行大規模的全面革新，也得因應全新的數位世界進行調整。**網路改變了我們如何交流、獲得消息、購物、社交、打廣告、與銀行打交道。然而，儘管網路帶來了這一切改變，企業決策過程卻出人意料地仍舊停滯不前。

　　本書提出了一種新的決策典範。這種典範稱為「外部洞見」（Outside Insight），這個方法藉由密切關注並

們當作機會好好利用，深入挖掘，找出新洞見。分析網路上找得到的外部資訊，可以取得在內部資料中無法找到的新洞見。這樣的外部洞見將會幫助我們做出更好的決策，打造更成功的策略。我相信在未來幾年內，多數企業將別無選擇，只能花錢投資系統與流程，成為使用外部洞見的公司，如此才能與時俱進。

◌ 本書結構

本書的第 1 部「**新數位世界**」描述全球至今為止的改變，以及要如何從網路新出現的資料類型中，挖掘具有遠見的洞見。

第 2 部「**新決策典範**」探討當你能使用產業的即時資訊時，哪三個重要之處將改變決策過程。

第 3 部「**外部洞見實戰**」提供今日使用外部洞見的簡易入門架構，概述每深入更進一步的階段時，該如何納入外部洞見。第三部也包含了外部洞見在各方面的使用實例，例如行政決策、行銷、產品開發、風險偵測、投資決策。

第 4 部「**外部洞見未來發展**」概述必須要解決的重要技術障礙、可以預期將會出現的某些新資料類型，以及一旦外部洞見更普及後，將會引發什麼疑慮。

外部洞見依然處於萌芽階段。我們在發揮外部洞見的所有潛力之前，還有很多要學。本書包含了具備創新精神企業的成功故事，這些公司早就已經在充分運用外部洞見了。

我希望本書能啟發讀者，**以更系統性的方式，善用外部資料**。我也希望本書在企業決策的全面革新上，能邁出第一小步，揭開適應新數位世界過程的序幕。

新數位世界

1部

Outside Insight

當颶風正朝某處襲捲而去時，一般都會認為某些產品——手電筒、蠟燭、瓶裝水——在當地會大賣。不過，沃爾瑪百貨將天氣資料和公司內部資料結合以後，發現了更出人意料的結果。

誰都會留下 Oi
網路麵包屑

chapter

1

歐文·曼帝（Owen Mundy）是塔拉哈西（Tallahassee）佛羅里達州立大學的藝術教授，在 2014 年的 7 月，他一夕之間就在網路竄紅，因為他成立了一個叫作「我知道你的貓住哪裡」（I Know Where Your Cat Lives）的網站，這是一項標示全球各地家貓精確所在位置的資料實驗，使用的是寵物主人在毫不知情下提供的詮釋資料（metadata，又稱為元數據）。曼帝估計，目前在 Instagram、Flickr、Twitpic 上分享的影像中，超過 1,500 萬張都加上了「cat」（貓）這個字

的標籤。[1] 但這些攝影師不知道的是，數位相機和智慧型手機在每張影像都內嵌了經緯度的座標。

曼帝教授發覺，只要使用者沒有透過適當的隱私設定保護自己的資料，任何人都可以取得照片的地理座標。「這不只是我的問題而已，而是數百萬名不知情社群媒體使用者的問題，」他說。iknowwhereyourcatlives.com 上線時，100 萬張貓咪快照在地圖上顯示的位置，與實際位置的誤差不到八公尺。網站很快就爆紅了。該網站目前已經有 530 萬張貓咪的照片。

不過，網路最熱門動物的主人，並不是唯一會在網路上留下數位蹤跡的人。我們所有人在數位世界忙著社交時，都會留下網路麵包屑的大量蹤跡。但不像「糖果屋」故事中的漢賽爾與葛麗特，我們通常不是故意要留下這些細節的。

網路到處充斥著照片。照片世界（Photoworld，隸屬歐洲規模最大的照片沖印公司 CEWE）在 2015 年 6 月估計，在 Snapchat 上分享的照片每秒有 8,796 張。[2] 根據同一份報告，Instagram 和臉書的使用者每天分別上傳了 5,800 萬和 3.5 億張照片。然後還有微博、WhatsApp、Tumblr、推特以及許許多多的照片分享網站。2016 年，在眾所期待的年度〈網路趨勢報告〉（Internet Trends Report）當中，KPCB 公司的矽谷創投家瑪麗·米克（Mary Meeker）估計，大眾在 2015 年每天平均將

32.5 億張數位影像上傳到網路。[3] 網路上現今預估有 30 億使用者，這代表每人每週平均上傳了 7.6 張照片。

還不只是照片而已。我們在公開網路中還留下了更多數位麵包屑，裡頭包含了關於我們自身的線索。我們推文時，就分享了自己的位置、和誰在一起、正在做什麼。我們在 LinkedIn 上列出自己的教育程度和工作經歷。我們在臉書上發表自己在哪裡的資訊、聽什麼音樂、喜歡什麼品牌、支持什麼組織、擁護什麼理想、喜歡在哪裡吃飯、未來打算要參加什麼活動。除了我們主動產生和公開貼出的資訊以外，手機也充滿了應用程式，記錄著我們的位置、和誰打電話和傳簡訊、我們運用時間和金錢的方式。

我們每天總共貼出 5 億則推文 [4]、上傳 3.5 億張照片和在臉書上按 57 億次「讚」[5]、寫 1 億篇部落格文章和上傳 43 萬 2,000 個小時的影片到 YouTube[6]。光是在推特和臉書上，我們每週就分享了 12 則內容。而每則內容本身都是一個紀錄，這份開放給大眾的日記詳實記載了我們在哪裡和正在做什麼。

在本章中，我們會更深入探討，看看在分析每一個人在網路上留下的麵包屑蹤跡後，能找到什麼樣的洞見。

⬚ 紐約警局跟隨臉書上的蹤跡

　　大眾在網路上留下的大量資訊已經引起了警方的注意。他們實際上也確實愈來愈常利用數位線索，拼湊出缺乏的資訊，也在解決案件時，把網路麵包屑當作是能提供幫助的一環。如果是在十年前，警探調查事件時，會詢問目擊證人與嫌犯。不過，人未必會說實話，或是在必要時，卻難以憶起具有一定程度的細節。今日，網路麵包屑則能揭露決定性的證據。

　　舉例來說，紐約市警察局的一個特殊小組負責監測臉書，就在 2013 年 6 月協助證明了殺害泰夏娜‧墨菲（Tayshana Murphy）的兇手有罪，這位青少女的死因是由於被捲入了兩個幫派的鬥爭當中。事件發生時，沒有任何目擊者，但紐約警局依然能夠提供充分證據，將兩位幫派成員定罪，使用的證據就是來自臉書上的網路麵包屑。[7] 如果是在十年前，缺乏追蹤並分析這些網路麵包屑的能力，這起案件就會以非常不同的方式收尾。

　　殺人事件發生的當天，別名「角頭」的卡洛斯‧羅德里哥斯（Carlos Rodriguez）在臉書帳號上貼了兩則訊息，羅德里哥斯與三千幫對立的幫派有所往來，而該幫派的活動地點就在格蘭特公共住宅外頭，那裡正是墨菲居住和被殺害的地方。第一則貼文寫道：「我們一天內大概幹了五次架，然後就離開了。」羅德里哥斯的第二則訊息則宣稱：「有人砸了那個小妞女孩的腦袋。」「小妞」是墨菲的綽號。

　　儘管殺害墨菲兇手的身分仍舊未明——因為整起事件並沒有真正的目擊證人——仍然有兩個男人被判犯下了殺人罪。24 歲的提蕭・布洛金頓（Tyshawn Brockington）在 2013 年 6 月被判二級謀殺罪。十個月後，23 歲的羅伯特・卡塔赫納（Robert Cartagena）則被判故意殺人罪。

　　卡塔赫納被定罪後，監測社群媒體對紐約警局的調查來說有多重要，逐漸變得不言自明了。2014 年 6 月，紐約郡檢察官小賽勒斯・范斯（Cyrus Vance Jr）發布了紐約市史上對幫派提出規模最大的訴訟案。[8] 當局總共起訴了 103 名幫派成員，全來自晨邊高地（Morningside Heights）區域的三個幫派。指控包括了兩項殺人罪、19 項非致命槍擊罪、50 項其他與槍擊有關意外的罪名。所有的被告皆被控犯下一級幫派組織傷害共謀罪，這項指控可判處 5 至 25 年的刑期。

　　為了要成案，調查探員與檢察官都按照了一般調查的固定程序，也就是刑警負責詢問目擊者和其他來源、監聽從監獄打出的四萬通電話、爬梳上百個小時的閉路監視系統和電話紀錄。他們也埋頭進行了一種愈來愈常見的治安工作：審閱超過一百萬筆的社群媒體網頁。幫派偏好使用的社群網絡是臉書——在起訴書中，「臉書」這個詞一共用了 171 次 [9]。

◎ 公司企業也會留下麵包屑

　　一般人並不是唯一會留下網路麵包屑的對象。公司企業也會留下網路蹤跡。為了提升競爭力，企業會投資新產品、展開行銷活動、建立夥伴關係、推出其他計畫，這時就會留下網路線索的痕跡，而任何人都能自由取得這些隱藏著他們意圖的線索，再進行分析。

　　我們曾在融文公司進行過一項小型計畫，研究從徵才公告中，可以得知哪方面的競爭情報。我們分析了從 2013 年 9 月 15 日到 10 月 15 日可以在 LinkedIn 上取得的所有徵才公告，針對融文本身和公司所屬產業內的三個相似企業：媒體顧問公司 Cision、澳洲電信商 Vocus、律商聯訊（LexisNexis）。我們將資料細分為地點、工作類型、所需資歷。令人驚訝的是，只是簡單剖析四家公司的雇用條件，就能揭露相當多的資訊，顯示出在策略、營運重點、企業 DNA 上的差異。

　　一眼就能最先從資料中看出的是成長率的差異。融文、Cision、Vocus 當時的規模都差不多，不過融文的職缺名額卻是兩倍，表示該公司具有更為強勁的成長率。Vocus 和律商聯訊開出的職缺數量很接近，表示兩家公司以相似的速率成長。律商聯訊的規模比融文要大上約 20 倍，公告的徵才數量卻和融文相差無幾，表示成長率要慢上許多。

　　從地理的角度來研究徵才公告，揭露了各家公司非常不同的市場策略。Cision 只在美國招募，也很顯然是以美國為中心發展。Vocus 開出的大部分職缺也都在美國，不過有少數則是在菲律賓。這讓我們大感訝異，不過我們稍後就得知，Vocus 將一些低階工作外包給菲律賓，目的是要降低成本。律商聯訊有三分之二的職缺開在美國，剩下的則是在澳洲、加拿大、香港──全都屬於英語系國家的市場。融文的地理條件明顯大不相同。我們招募人數最多的單一國家是美國，但除此之外，徵才可

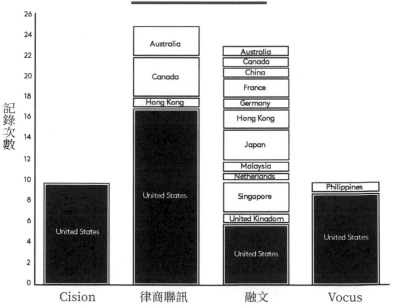

以地點細分雇用條件

以說是非常國際化,職缺橫跨澳洲、加拿大、中國、法國、德國、香港、日本、馬來西亞、荷蘭、新加坡、英國。只要看了資料,就能得知顯然在市場策略方面,融文要比同儕企業更全球化。

　　以工作類型來研究徵才公告的話,浮現出來的是很有意思的新模式。融文、Vocus、Cision 大部分的職缺都屬於業務和行銷類——分別為 80%、80%、60% ——而律商聯訊則是遠落在後頭的 44%。融文將重點擺在企業成長,這點不言自明,因為我們在業務和行銷方面的職

以工作型態細分雇用條件

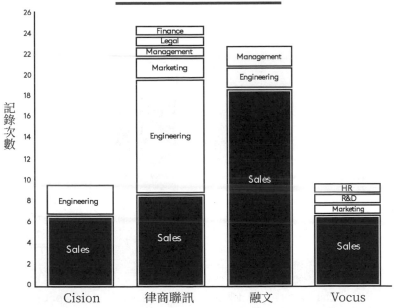

缺，幾乎等同其他同儕企業加起來的數量。仔細比較對
於工程類的投資，比重反而就倒過來了。律商聯訊的工
程職缺和其他公司加起來的一樣多，暗示律商聯訊正在
投資新產品。

　　如果用資歷深淺來研究徵才公告，將再次顯示出更多
差異。Vocus 和 Cision 由於各種資歷的所需雇用人數都
很平均，因此兩者都可說是相當成熟。融文主要徵才的
對象是初階人員（Entry level），而律商聯訊招募的幾
乎都是中高階人員（Mid-Senior level）。律商聯訊主要

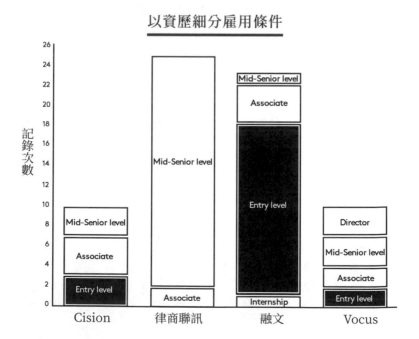

以資歷細分雇用條件

想雇用的是資歷較深的人，加上先前投資產品的資訊，在在都指出即將出現某些變化。我們之後的確證實了，律商聯訊當時正在開發全公司適用的新策略科技平台，支援所有未來的內容產品。

這項研究只根據非常有限的資料，代表的只是某個特定時間點的單一剖析。儘管如此，這樣的資料剖析就針對了四個非常不一樣的公司與公司的未來展望，訴說出引人入勝的故事。

徵才公告的價值並不止於競爭情報。想像一下，如果你還同時分析了公司生態環境中的關鍵客戶、重要供應商、其他重要利害關係人的徵才公告。以有系統又嚴謹的方式分析徵才公告的資料，可以幫你瞭解競爭形勢、該投資哪些客戶、要選擇哪些供應商、要與哪些公司成為合作夥伴。

在 LinkedIn 的網路關係上謹言慎行

另一條網路企業麵包屑留下的蹤跡，是來自社群媒體上產生的連結，像是 LinkedIn，以及愈來愈多公司使用的臉書。假如你公司的執行長突然在 LinkedIn 上和好幾個收購公司建立關係，公司被出售時就不用感到驚訝了。如果執行長也和賣方顧問建立起關係，其所代表的意義幾乎是再清楚也不過了。若最近建立關係的對象是

高盛（Goldman Sachs）和摩根集團（JP Morgan），公司很有可能正準備要首次公開發行（Initial Public Offering，IPO）。在 LinkedIn 上的新關係可能代表的是晚宴上的某次偶遇，或是暗示著與可能成為新客戶、新合作夥伴或新雇主的對象建立了關係。如果和某家公司建立起的關係不只一段，這樣的蛛絲馬跡就已經不是巧遇能解釋了。

我都儘量小心注意自己怎麼使用社群媒體。舉例來說，我最近正在評估，究竟要不要代表融文買下一間位於烏拉圭的資料科學新創公司。幾個月前，我和該公司的創始人在 LinkedIn 上建立了關係——當時我不太情願，不過還是認為不接受邀請很無禮。我們原本親臨該公司，是要評估一件可能要外包的工作，這件事本身並不算特別敏感的話題。然而，只要有人發現了這樣的關係，接著研究這家新創公司的話，就會注意到該公司以資料科學平台為中心，發展出了成功的開發者社群。假如這點重要到讓融文的重要主管參與其中，就不難推論出對融文來說，資料科學開發者社群很有可能是重要策略藍圖的一部分。

我們更瞭解這家公司後，反而決定想尋求全額收購這間公司的辦法。為了要進行「盡職調查」（due diligence），我從舊金山出發，花了整整 16 個小時前往蒙特維多（Montevideo），拜訪這個 30 人的堅強團隊。

我在旅行期間，很注意不讓自己在推特或臉書上貼出自己的所在地。我待在蒙特維多的時候，拍了幾張團體照，不過都沒有被貼在社群媒體上。那趟旅程的前後，我談到收購一事時都很小心謹慎，也對自己真正的所在位置和準備要做的事都刻意含糊其辭。

企業網站的背後故事

要尋找公司內正在發生什麼事的線索，企業網站是顯而易見的選擇。在官方網站上可以讀到贏得大客戶的消息、獲獎事蹟、其他重要成就。同樣地，領導團隊的任何人事變動也會報導出來，頁面上的補充還會包含了該人員的管理經歷簡介。

公司企業都會利用網站，和客戶分享所有最新的正面更新消息。他們這麼做的時候，也同時不經意地將那些資訊昭告給競爭對手和供應商。

融文在 2001 年成立時，服務項目中最大的一個賣點，就是我們能通知客戶任何這類網頁上的變動。這是一項非常簡單的服務，沒想到我們的客戶都很愛，並利用這項服務，以比往常更為嚴謹的方式，追蹤競爭對手的消息。使用這項服務時，只要競爭對手一發新聞稿、改變產品的價格或發起新的促銷活動，我們的客戶都會立即收到通知。

企業網站上的訊息都是由傳播專業人士精心打造而成。研究其中提到了什麼以及沒提到什麼，都能獲得關於某公司市場定位和策略意圖的大量資訊。

來看看全球現今四大科技公司的網站首頁，研究一下寫作本書時，他們如何看待自家企業在市場中的定位。

2016 年 8 月，蘋果用一張最新 iPhone 的照片占滿了整個頁面。該公司想主打的重點毫無疑問就是 iPhone。蘋果推出過不少產品，但如今一提到蘋果，就會讓人想到 iPhone，而且這種形象更勝以往。

惠普公司（HP）網站上的訊息是：「3D 印表機革命就要展開。」惠普以過去身為全球頂尖的印表機公司為基礎，將自己定位成以未來發展為主的創新公司。

IBM 的訊息則複雜多了：「IBM X-force，改變全球威脅情報的應對與分享方式。」IBM 的定位似乎是建立在情報相關的資訊上，並藉由提供自家的聰明演算法，解決客戶的問題。

微軟（Microsoft）出人意料地在官方網站上炫耀一台華麗的新電腦。微軟的訊息就只是「推出 Surface Book」。全球最大的軟體公司顯然非常渴望擺脫向來只靠軟體賺錢的形象。微軟推出了 Surface Book，表示企圖和 Mac 與 iPad 一爭高下。

公司企業在打造官方網站的訊息與情報上花費了不少功夫。**仔細分析競爭對手官網上改變的內容，就能得到**

大量珍貴的競爭情報。

⟨ ⟩ 社群媒體話題

　　隨著社群媒體的重心從 1990 年代中期的無名訪客網頁，轉移到十年後愈來愈受歡迎的網路社群中心，公司企業突然就無法控制自家品牌與服務相關的傳播活動了。像是推特、臉書、LinkedIn 的服務相繼推出後，全新的現實就此誕生了：單一一位客戶在設定議程的同時，整個世界可以坐在絕佳的位置，觀看這家公司的經營方式。

　　企業網站會透露一家公司想讓外界有什麼樣的觀感。透過社群媒體，你可以直接從某間公司的客戶那裡聽到他們的意見。透過社群媒體，你可以獲得即時洞見，瞭解在產品、客服、整體顧客滿意度的方面，某間公司表現得有多好。

　　下頁的例子顯示出隨著時間變化的顧客滿意度，比較了特斯拉（Tesla）和經過基準化的同儕企業，包括賓士、BMW、奧迪（Audi）。顧客滿意度衡量自各個公司臉書專頁上的情感數值。有趣的是，儘管特斯拉經由媒體大肆報導，在顧客的滿意程度上依然落後於同儕企業。不過，整體趨勢非常正面，到了 2016 年第二季，特斯拉的分數已經很接近其他公司了。

顧客指數：特斯拉 vs. 同業平均值

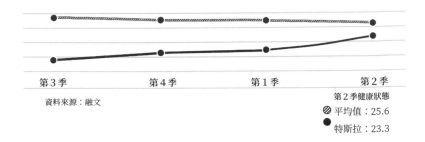

第 3 季	第 4 季	第 1 季	第 2 季

資料來源：融文

第 2 季健康狀態
平均值：25.6
特斯拉：23.3

　　社群媒體也非常適合用來評估品牌的競爭力（strength）。右頁圖是相互競爭速食品牌的相對足跡，它比較了 2015 年 5 月到 2016 年 5 月期間各品牌的推特與 Instagram。從圓餅圖中可以看出，「麥當勞」的社群媒體報導數量，比次數最接近的對手「漢堡王」要多了四倍，儘管前者的實體店面數量只有後者的兩倍。同樣也可以看到，「必勝客」的報導數量是競爭對手「達美樂」的兩倍，儘管前者只比後者多了五成的餐廳數。

　　社群媒體也能用來瞭解品牌的主打重心。仔細看看再下一頁的汽車品牌奧斯頓馬丁（Aston Martin）和勞斯萊斯（Rolls-Royce）的「文字雲」（word clouds），兩者皆由 2015 年期間的新聞與社群媒體報導所構成。圖中文字的大小表示文字主宰報導內容的多寡。一眼就能立刻看出兩個品牌注重的不同之處。奧斯頓馬丁的文字雲顯示，該品牌強調「名人」和代言，而勞斯萊斯則主

漢堡品牌競爭

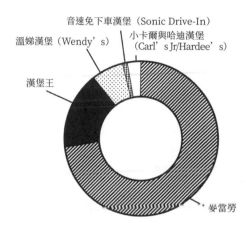

音速免下車漢堡（Sonic Drive-In）
溫娣漢堡（Wendy's）
小卡爾與哈迪漢堡
（Carl's Jr/Hardee's）
漢堡王
麥當勞

排名		品牌	廣告聲量 占有率	全美分店 家數
1		麥當勞	73.8%	14,350
2		漢堡王	18.1%	7,142
3		溫娣漢堡	6.2%	5,780
4		小卡爾與哈迪	1.4%	2,915
5		音速免下車	0.5%	3,517

資料來源：融文

披薩品牌競爭

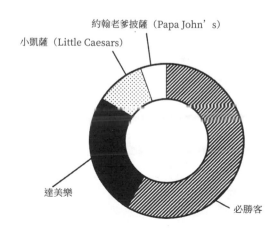

約翰老爹披薩（Papa John's）
小凱薩（Little Caesars）
達美樂
必勝客

排名		品牌	廣告聲量 占有率	全美分店 家數
1		必勝客	59.2%	7,863
2		達美樂	26.2%	5,067
3		小凱薩	10.3%	4,025
4		約翰老爹	4.4%	3,250

資料來源：融文

要關切出口市場和產業。如果要理解這其中的差異，很重要的一點是要知道勞斯萊斯並不只是一個汽車品牌，它也專注在推銷一系列的廣泛產品，包括了航空引擎、電力系統、核電廠。

奧斯頓馬丁的社群媒體文字雲

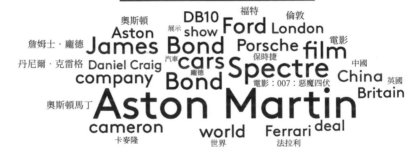

勞斯萊斯的社群媒體文字雲

◌ Online ad spend：網路廣告費

　　另一條追蹤起來會很有趣的網路麵包屑，是**搜尋引擎行銷**（search engine marketing，SEM），或是所謂的**點擊付費廣告**（pay-per-click，PPC）費用。之所以能估算這種費用，是因為網路搜尋字串都在進行即時拍賣，而所有人都能看到詳細的清單和時價。市調機構 eMarketer 估計，在 2015 年共 581.2 億萬美元的數位廣告費中，搜尋費用就占了將近一半（46%）[10]，所以儘管搜尋費用不會呈現出事情的全貌，對多數公司來說依然是一項追蹤起來會非常有意思的衡量標準。

　　追蹤競爭對手的搜尋預算，觀察其費用隨著時間的趨勢變化，並以國家和產品線分析，都能提供無價的競爭洞見。下頁的圖示是 2016 年第二季的 SEM 估算費用，比較了特斯拉和稍早看到同樣的同儕企業。注意很有趣的一點是，特斯拉幾乎沒有在網路廣告上花任何一毛錢。反觀 BMW 幾乎在各大洲都花得比所有競爭對手還要來得多。

各地區的網路搜尋廣告費

	特斯拉	● BMW	◪ 奧迪	賓士
亞洲	$0	$22K	$41K	$0
歐洲	$0	$431K	$364K	$10K
北美	$0	$3M	$2M	$2M
大洋洲	$0	$28K	$23K	$2K
南美洲	$0	$4K	$0	$0

（單位：美元，K＝千／M＝萬）資料來源：融文

⬚ 網路流量與應用程式下載

　　另一個常拿來當作競爭情報衡量標準的是網路流量
（web traffic）。網路流量資料並不容易取得，不過，
像是網路市調機構 comScore 的第三方公司會估算網站
的訪客數。你也可以使用 Google AdWords，以類似的
方式查看自家公司的品牌被搜尋的頻率，再拿這份資料
與競爭對手的相比較。如果應用程式下載對你來說很重
要，有一項常用的服務是 App Annie。網路流量、搜尋

量、應用程式下載全都是作為判斷產品需求大小的衡量標準。

　　下方延續至下頁的圖表是 App Annie 針對幾個熱門應用程式下載次數，繪製出的前一年歷史排名。排名可以透過和同類型的其他應用程式比較，判斷應用程式的熱門程度。圖中的排名變化可用來表示某個應用程式到底是愈來愈受歡迎還是相反。

　　Evernote 很明顯呈現下滑趨勢，熱門程度從 500 名左右跌至 1,000 名。WhatsApp 的排名也正在下滑，雖然不是大幅下跌，還是從 10 名下降到 25 名左右。Dropbox 表現相當穩定，不過看起來有點微幅下滑的趨勢。唯一顯示出上揚趨勢的應用程式是 Snapchat。該應用程式在一年前排在第 5 名。2015 年第四季，Snapchat 經歷了排名上下起伏的時期，不過自 2016 年第一季以來，排名都穩定上升。

Evernote 呈現下滑趨勢

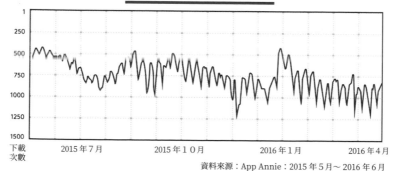

資料來源：App Annie：2015 年 5 月～ 2016 年 6 月

Dropbox 表現相當穩定，但仍可發現它自從 2016 年初，
排名就出現微幅下滑趨勢

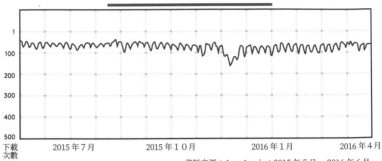

資料來源：App Annie：2015 年 5 月～ 2016 年 6 月

WhatsApp 在 2015 年第二與第三季期間就出現下跌，
自那之後從未回升

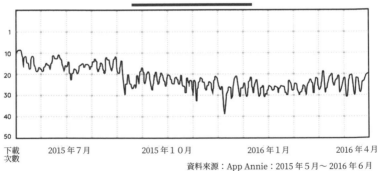

資料來源：App Annie：2015 年 5 月～ 2016 年 6 月

Snapchat 自 2016 年初起都呈現上揚趨勢

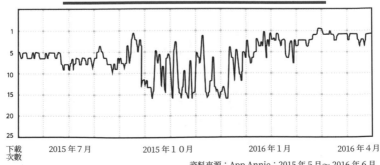

資料來源：App Annie：2015 年 5 月～ 2016 年 6 月

◎ 追蹤專利申請書、信用評等、訴訟案、進口報單

　　除了到目前為止討論過的資料類型以外，包含珍貴商業洞見的各式各樣其他資料也可以從網路取得。要完整列出所有這些資料類型，已經超出本書力所能及的範圍了，因為這種清單會隨著產業的不同而大幅變更。網路上不斷出現新資料，也讓彙整這種清單的任務更為複雜。因此，我只會另外再指出幾個資料類型，這些類型可能就包含了與大部分產業有關的商業洞見。

　　在這些資料當中，馬上就能想到的資料類型就是專利與商標的申請書。雖然這些申請書比起最初申請的日期會晚幾個月才公開，但在大部分國家內都很容易就能搜尋得到。追蹤專利申請書的重要性不言自明，因為可以藉此來瞭解競爭對手的策略目的。申請專利和商標都相當費工費時，也因此很昂貴。一家公司除非認為專利申請很重要，不然通常不會耗費心力去完成。專利申請書可能表示公司將推出新產品，或是新的挑戰者即將入侵你的地盤。研究專利申請書也能辨識出收購目標，而在某些情況下，還能預測將出現的收購案。

　　另一條值得追尋的資訊蹤跡，是信用評等和公司財務資訊。許多企業會定期追蹤新關鍵客戶的信用評等或財務資訊。而要密切注意供應商、合作夥伴、身處相同

商業領域的其他企業，信用評等也同樣能派上用場。當然，信用評等的其中一個缺點是不太科學，也屬於落後指標。

打官司很不幸地已經快成為經營企業的一般慣例了——特別是在美國。訴訟案相關的資訊通常都能在網路上取得。研究訴訟程序可能會帶來的好處有不少。首先，爭議的雙方必須要透露很可能在其他情況下不能讓人公開取得的資訊；其次，訴訟案會傳遞出強烈訊息，暗示其中一方想得到或保護某樣事物；第三，對其中一方或雙方而言，打官司代表了財務風險。如果你的事業取決於打官司的其中一家公司，那就值得持續關注這件訴訟案了。

在美國，運輸公司必須透過稱為「提單」（Bill of Lading）的文件，登記要運送貨櫃的內容物。其他國家也有類似的手續。這份公開檔案會明列進口商或出口商，並包含貨物或商品的簡短敘述，或是其商業價值。進出口資料在綜合事業中相當有幫助，比方像汽車產業，該產業仰賴大量原物料的運輸，路線通常橫跨很長的距離。這類資訊的可能用途，舉例來說，就包括可以用來預測特斯拉汽車的未來銷量。如果你知道這家公司在進口什麼，就有可能將進口的東西和歷史銷售紀錄與原物料資料互相比較，推斷接下來將會發生什麼事。比如說，原物料進口突然激增，代表八個月後（一般從原

物料到完工汽車之間的時間差）會有一定數量的新特斯
拉汽車在路上奔馳。

- 要追蹤的網路麵包屑 -
企業網站
新聞
社群
徵才公告
社群網絡連結
網路廣告費
網路流量
專利申請書與商標
信用評等與公司財務
法院文件與其他公開檔案

⬡ 蘋果的官方新聞揭露了驚人故事

到目前為止，本章已經探討了我們在網路留下的麵包
屑蹤跡，不論我們指的是個人還是企業。在本章收尾的
部分，我將示範簡略分析這樣的蹤跡變化會帶來多大的
幫助。

至於分析的對象，我只談每家公司都會在新聞稿最後
放上的不起眼小指紋。這是一段關於公司的簡短敘述，
通常被稱為新聞稿中的「**簡介樣板**」（boilerplate）。

這個簡介樣板之所以有趣，在於這段極為濃縮的內容
當中，描述了公司的主要事業或野心，而且通常僅限於

數句之內。這些句子都是精心琢磨而成，才能傳達出公司的策略定位和意圖。

研究蘋果新聞稿中的簡介樣板，是一次引人入勝的閱讀體驗，透過這些簡介樣板就能瞭解消費者科技史 15 年來的變化。蘋果在撰寫簡介時極為嚴謹，始終都只用兩三句來描述公司的事業。隨著每幾年更新的簡介一路讀下來，可以看出這家科技公司的策略與產品重心，如何逐漸從電腦發展到個人運算裝置。同時也能看到蘋果奮鬥與成功的過程，如何從語氣和用詞透露出來。

1997 年，蘋果處境艱困。公司的股價創下十年來的新低 [11]，麥金塔（Macintosh）電腦已經過時，個人數位助理（personal digital assistant，即 PDA）產品「牛頓」（Newton）也一敗塗地，公司還開除了兩年內的第二位執行長。史帝夫·賈伯斯（Steve Jobs）被請回來拯救公司，不過蘋果已經深陷財政危機，用光了資金。這時，對蘋果伸出援手的是來自最令人意想不到的公司：死對頭微軟用 1.5 億美元投資了蘋果，並保證會在未來五年為麥金塔平台提供 Office Suite 的支援，讓蘋果得以在市場長期生存下去 [12]。

2000 年 1 月時，艱困時期與缺乏自信在蘋果的簡介樣板中表露無遺：

蘋果在 1970 年代以 Apple II 掀起了個人電腦的革命，

並在 1980 年代以麥金塔重新創造了個人電腦。蘋果如今將重拾初衷，為全球超過 140 個國家的學生、教育家、設計師、科學家、工程師、企業家、消費者，帶來最好的個人電腦產品與支援。

簡介樣板在一開頭提及了可追溯至 30 年以前的歷史成就，接著談到公司將重拾「初衷」。這就好像蘋果在跟我們說：「還記得我們以前有多棒嗎？我們現在正努力要變得跟以前一樣棒。」

接下來的四年間，蘋果經歷了不少高低起伏。公司持續更新了產品組合，不過財務狀況依舊起伏不定。2004 年，蘋果以 33% 穩健的營收成長，結束了長達七年之久的停滯期，營收數據也創下了 1996 年以來的新高。這份日益增長的信心在新的簡介樣板中不言自明：

蘋果在 1970 年代以 Apple II 掀起了個人電腦的革命，並在 1980 年代以麥金塔重新創造了個人電腦。今日，蘋果以獲獎無數的桌上型與筆記型電腦、OS X 作業系統、iLife 與專業級應用程式，繼續在業界引領創新風潮。蘋果也以隨身音樂播放器 iPod 與 iTunes 線上商店，開創數位音樂革命。

蘋果仍然緊抓著過往榮耀不放，不過在描述現況的

時候，用詞很明顯變得更大膽無畏。值得注意的另一點是簡介新增了第三個句子，句中特別強調 iPod。有趣的是，提到 iPod 的這個時間點，是在實際推出產品的三年後。未來在談到新產品時，蘋果會更富有自信。

2007 年 6 月 29 日，iPhone 上市以後，其創新的設計與科技獲得了各界盛讚。蘋果的營收成長到 2004 年時破紀錄的三倍。美好時光又回來了。銷量和獲利都一飛沖天，這點也顯現在遣詞用字上。那一年的 7 月，蘋果滿懷驕傲，在簡介樣板中加入了 iPhone 現身的宣告：

　　蘋果在 1970 年代以 Apple II 掀起了個人電腦的革命，並在 1980 年代以麥金塔重新創造了個人電腦。今日，蘋果以獲獎無數的電腦、OS X 作業系統、iLife 與專業級應用程式，繼續在業界引領創新風潮。蘋果也以隨身音樂及影片播放器 iPod 與 iTunes 線上商店，開創數位媒體革命，並在今年以具有革命性的 iPhone 進軍行動電話市場。

2010 年 5 月 26 日，蘋果的市值超越了微軟。第三季時，蘋果的營收首次勝過這位總部位於西雅圖的敵手。2010 年 12 月，蘋果的簡介樣板全面翻新。文字截然不同。刪去了提到過往榮耀的部分，取而代之的是現今成就的樂觀敘述。過去猶豫不決的態度，由誇耀自家「革

命性」且「神奇」產品的內容所取代：

　　蘋果設計出全世界最好的個人電腦 Mac，以及 OS X、iLife、iWork、專業級軟體。蘋果以 iPod 與 iTunes 線上商店，引領數位音樂革命。蘋果以革命性的 iPhone 與 App Store，重新創造了行動電話，近來更推出神奇的 iPad，定義著行動媒體與運算裝置的未來。

　　2015 年 4 月，蘋果成為全球最有價值的公司，市值達 7,700 億美元 [13]。蘋果這時的股價已經從 1997 年的最低點，上升了 24,500 個百分點。簡介樣板又再次經過改寫，2015 年 6 月時的版本如下：

　　蘋果在 1984 年推出麥金塔電腦，發動了個人科技的革命。蘋果以 iPhone、iPad、Mac、Apple Watch、Apple TV，引領全球的創新風潮。蘋果的四大軟體平台──iOS、OS X、watchOS、tvOS──提供橫跨所有蘋果裝置的無縫接軌體驗，並提供包括 App Store、Apple Music、Apple Pay、iCloud 在內的突破性服務，讓使用者可自行運用。蘋果旗下的十萬名員工皆致力於打造世上最好的產品，並讓世界變得比以往更加美好。

　　這段文字又回歸原點了：再次提及歷史成就，是為了

刻劃蘋果遺留下來的傳統。今日的蘋果被描繪成是全球的最高統治者，掌管著由裝置、軟體、平台、服務緊密交織而成的消費者生態系統。展望未來的第三句如今被「（持續）致力讓世界變得更美好」所取代，這項聲明會讓蘋果愛用者感到放心，蘋果懷疑論者則會斥之為傲慢。

　　我們從蘋果公司簡介樣板的分析顯示（可參考下頁開始的表格），從企業在網路留下的蹤跡裡可以發現如此多的資訊。世界已然改變。我們今日可以在網路上取得的資訊，才只在幾年前根本無法獲得。**網路已經成為隨時可供人挖掘商業洞見的寶礦了。**

　　本書接下來將探討，分析網路麵包屑將如何革新企業決策以及公司經營管理的方式。

蘋果新聞稿裡的簡介樣板分析

	第一句	第二句	第三句
2000年1月	蘋果在 1970 年代以 Apple II 掀起了個人電腦的革命,並在 1980 年代以麥金塔重新創造了個人電腦。	蘋果如今將重拾初衷,為全球超過 140 個國家的學生、教育家、設計師、科學家、工程師、企業家、消費者,帶來最好的個人電腦產品與支援。	
2000年12月	蘋果在 1970 年代以 Apple II 掀起了個人電腦的革命,並在 1980 年代以麥金塔重新創造了個人電腦。	蘋果如今將重拾初衷,以創新的硬體、軟體、網路服務,為全球超過 140 個國家的學生、教育家、創意專業人士、消費者,帶來最好的個人電腦產品與支援。	
2004年12月	蘋果在 1970 年代以 Apple II 掀起了個人電腦的革命,並在 1980 年代以麥金塔重新創造了個人電腦。	今日,蘋果以獲獎無數的桌上型與筆記型電腦、OS X 作業系統、iLife 與專業級應用程式,繼續在業界引領創新風潮。	蘋果也以隨身音樂播放器 iPod 與 iTunes 線上商店,開創數位音樂革命。
2007年7月	蘋果在 1970 年代以 Apple II 掀起了個人電腦的革命,並在 1980 年代以麥金塔重新創造了個人電腦。	今日,蘋果以獲獎無數的電腦、OS X 作業系統、iLife 與專業級應用程式,繼續在業界引領創新風潮。	蘋果也以隨身音樂及影片播放器 iPod 與 iTunes 線上商店,開創數位媒體革命,並在今年以具有革命性的 iPhone 進軍行動電話市場。

2010年12月	蘋果設計出全世界最好的個人電腦 Mac，以及 OS X、iLife、iWork、專業級軟體。	蘋果以 iPod 與 iTunes 線上商店，引領數位音樂革命。	蘋果以革命性的 iPhone 與 App Store，重新創造了行動電話，近來更推出神奇的 iPad，定義著行動媒體與運算裝置的未來。
2015年6月	蘋果在 1984 年推出麥金塔電腦，發動了個人科技的革命。	蘋果以 iPhone、iPad、Mac、Apple Watch、Apple TV，引領全球的創新風潮。蘋果的四大軟體平台—— iOS、OS X、watchOS、tvOS ——提供橫跨所有蘋果裝置的無縫接軌體驗，並提供包括 App Store、Apple Music、Apple Pay、iCloud 在內的突破性服務，讓使用者可自行運用。	蘋果旗下的十萬名員工皆致力於打造世上最好的產品，並讓世界變得比以往更加美好。

挖掘內部資料就像往回看

Oi

chapter

2

1997 年，一位叫賴瑞‧艾利森（Larry Allison）的大學輟學生成立了一家新創公司，他稱之為「軟體開發實驗室」（Software Development Laboratories）。他先前在電子公司安培（Ampex）工作時，曾讀到英國電腦科學家艾德格‧法蘭克‧柯德（Edgar Frank Codd）的論文，而柯德是在 1970 年為 IBM 工作時，寫下〈大型共享資料庫資料之關聯式模型〉（A Relational Model of Data for Large Shared Data Banks）這篇論文。艾利森效力於安培公司

的期間，參與了數個計畫，包括為中情局建立他叫作
Oracle 的資料庫，Oracle（甲骨文）也是他最後為自己
公司取的名字。

　　總部位於加州紅杉海岸（Redwood Shores）的甲骨文
公司，之後支配了資料庫與企業軟體的市場，此市場通
常被稱為企業資源規劃（Enterprise Resource Planning，
簡稱為 ERP）。如今，甲骨文是全球最具影響力的其中
一間科技公司。該公司公布的 2015 會計年度財報當中，
總營收為 382 億美元，獲利則有 100 億美元[1]。

　　甲骨文的創辦人賴瑞·艾利森並不像蘋果的賈伯斯或
微軟的比爾·蓋茲一樣有名，不過在塑造我們所居住的
世界這一點上，他的功勞就和其他兩人一樣多。甲骨文
成立以前，企業資料都深埋在孤島（silo）當中，難以
取得。有些資料儲存在大型主機中，或是存放在檔案夾
中打字和手寫的紙上。多數資料都不是以便於使用的格
式儲存，因此無法用來分析資料中隱含的意義和洞見。
ERP 系統的出現代表這種內部資料正逐漸數位化。確
實，到了 2005 年，有八成的《財星》500 大企業都已
經安裝或正在建置全公司適用的 ERP 系統了。[2]

　　市場開始出現了根據不同功能需求量身打造軟體
的要求，比如說客戶關係管理（customer relationship
management，CRM）、財務、人力資源（human re-
sources，HR）、供應鏈、商業情報，於是艾利森便展

開了一場十年之久且前所未見的大肆收購行動，總額高達 350 億美元。這些收購案為甲骨文的資料庫進一步增添了工作流程、商業、邏輯、視覺化、報表方面的專業技術，讓甲骨文成為全球最深受信任的企業軟體公司。我們將會在第 13 章看到歷史如何重演，也會詳細探討這些收購案。

我們現在如此習慣於企業軟體的存在，很容易就會忘記其實這種軟體 1990 年代中期才開始出現。如今，高階主管完全得靠 ERP 系統，才能瞭解自家的企業績效。公司在歐洲的留客率是多少？平均每名業務員生產力的最新數值是多少？公司最新事業部門的利潤貢獻有多少？公司今日的成長動力來自哪裡？公司如何能從投資獲得最大的報酬？所有這些問題的答案都能在 ERP 系統裡找到。

賴瑞·艾利森的甲骨文公司引領著在市場中占有驚人比例的全新產業。根據顧能（Gartner）科技咨詢公司，全球一整年的企業 IT 費用在 2015 年達到 3.52 兆美元，這些費用包含了伺服器、裝置、企業軟體、專業服務[3]。以更容易理解的方式來說，這個數字可是比全球汽車產業加起來還要多！

如果說賈伯斯為消費者發動了電腦革命，那賴瑞·艾利森則是為企業掀起了革命。截至 2016 年 1 月為止，甲骨文公司旗下有 13 萬 3,000 名員工，有 98%「《財星》

「500 大」企業使用該公司的系統。艾利森成為 40 多年以來矽谷最具影響力的其中一人。除了甲骨文公司以外,艾利森也在許多矽谷的成功故事中占有一席之地,包括 Salesforce 和 NetSuite,兩者皆是以雲端為基礎的頂尖企業軟體公司。

2016 年 1 月時,艾利森在《富比士》雜誌(Forbes)的全球富豪榜中,以身價 540 億美元名列第五,勝過臉書、Google、亞馬遜的創辦人,在所有 IT 企業家中,只輸給了比爾・蓋茲。

賴瑞・艾利森的生財之道是改變企業決策的方式。他的軟體將企業的內部世界,從一套資訊無法互通的無效率系統,轉換成高效率的 ERP 系統,而在這套新系統中,企業內部各處的資訊都能納入嚴謹的分析當中,並能以此做出資料驅動的審慎決定。

◌ 內部資料是落後資料

引進像 Oracle 這種 ERP 系統,顯然代表了舊有典範獲得了極為寶貴的升級,而在升級之前,高階主管無法以有效率的方式取得內部資料。

ERP 系統顯而易見的限制,在於使用的是以歷史事件為基礎的落後資料。財務報告中的數字是過去活動與投資的最終結果。要提高一位新進業務員的生產力,需

要花上幾個月的時間，有時還會多達幾季。在許多產業中，從開發到讓產品上市，需要花上數年的投資。在 ERP 系統中，我們可以仔細調查和分析資料到極為精細的地步，但無論多努力，最終都只會找到關於歷史事實的洞見。

本書的一個重要論點是，每個人都得十分注意自己是如何運用 ERP 軟體。**過於倚賴這些系統會帶來危險，並打造出一種受到限制的世界觀，因為資料全部都只來自內部系統。**雖然我們很容易就會受到具有誘惑力的圖表與分析所影響，不過還是得謹記，要做出重要決定時，必須向自己提問，而在這些問題當中，ERP 系統能回答的只有少數。

現況並不會呈現在 ERP 系統提供的數字裡。競爭對手的近期投資和近期產業發展也不會出現在裡面。儘管內部資料具有令人信服的精確性，要做出關於未來的決定時，這類資料很明顯有其極限。以下的例子便清楚說明了這一點。

2012 年，融文在加拿大成立的辦公室已經邁入了第三年，卻表現得奇差無比，與公司其他地區的辦公室形成了鮮明對比。那個辦公室不只賠錢，也沒有成長，員工留職率還是全公司最低。

2013 年 1 月，我們在融文的董事會會議上，經過了一番激烈討論。由於那些難看的數據，我們的外部董事

施壓要收掉加拿大的辦公室，轉而把錢拿去投資其他地方的市場。畢竟，那裡是我們規模最小的事業單位，也無足輕重。我爭論說加拿大的市場沒有任何問題。當地的競爭局勢很有吸引力，也遠比我們大獲成功的其他市場要來得成熟。我主張這是內部問題，因為我們沒有安排好適當的管理方式。同時我提供了另一種策略，將採用新的管理方式，並加倍投資。

最終，董事會贊成了我的計畫，不到三年，加拿大辦公室從融文公司中績效最差的第 20 名，躍升至績效第 5 好的事業單位，到了 2016 年更擁有驚人的 55% 年成長率。

我們在融文董事會上時不時就會談起這場插曲。我們拿這起事件來提醒自己，**仔細研究歷史資料能實現的成就非常有限**──這有一部分是因為歷史未必能預測未來，另一部分則是因為試算表上真正能捕捉到的有用資訊並不多。經營公司是項耗費心力的複雜任務。最大的影響因素永遠都是旗下的員工。他們的自信、熱情、信念永遠都是影響未來企業績效的最重要因素。

▣ 孤立偏誤

ERP 系統的另一個問題是，你只是單獨在研究自家公司的內部資料。你沒有得到關於競爭對手行動的當下

資訊。你沒有得到產業趨勢的可靠資訊。你打造出來的世界觀，是建立在透過公司歷史營運效率所看到的一切。

單獨進行內部分析，會讓人對自身的競爭態勢產生錯覺。假設 12 個月以來，公司在法國市場為自家產品定下的價格不斷下跌。這是因為市場需求較小、競爭對手增加，還是法國的銷售組織信心較低？如果只看內部資料，要瞭解實際情況會非常困難。而這可是個大問題，因為如果沒有完全瞭解問題的根本原因，就很難採取適當的行動。

多數時候，管理階層沒有——或沒有努力去找——第三方來協助他們詮釋內部資料。他們反而受到先入為主的觀念或想法所影響，而這些看法有可能不完全正確。

隨著分析往上經過組織內的每一階層，這種孤立偏誤（insular bias）就會更進一步加深。當一份報告送達公司的董事會時，根本事實早已經由管理階層之手，層層分析、建構、包裝過了。資料在經過每一階層時都會經過處理，包裝成支持該管理階層想要傳達的說法。有些資料會被特別強調，其他資料則是會遭到淡化。一份報告在公司中一路向上傳遞時，通常事實會變得較不明顯，說法則變得更為清晰。

考慮到今日全球快速變遷的現象，太過以內部為主是相當危險的舉動。名列 2000 年《財星》的全球 500

大企業當中，有四成在十年後消失無蹤[5]。這種解體的發展似乎正在加速進行。2014 年，麻州威爾斯利（Wellesley）百森大學（Babson College）商學院院長丹尼斯‧漢諾（Dennis Hanno）預測，當年的《財星》500 大企業有半數將在十年內消失。

大企業因為適應得不夠快而遭到淘汰的故事並不少見。**企業垮台的原因不是因為他們缺乏能顯示公司逐步衰退的資料。他們的問題在於要對抗先入為主的想法，以及克服內部偏誤。**

◻ 黑莓公司的崛起與沒落

根據賈姬‧麥克尼許（Jacquie McNish）與西恩‧希爾考夫（Sean Silcoff）撰寫的《失去訊號：黑莓大起大落背後不為人知的故事》（Losing the Signal: The Untold Story behind the Extraordinary Rise and Spectacular Fall of BlackBerry），黑莓公司的共同執行長麥克‧拉札里迪斯（Mike Lazaridis）和吉姆‧貝爾斯利（Jim Balsillie）首次在 2007 年 1 月看到 iPhone 時，深信這項裝置不會對他們的行動服務公司造成威脅[6]。他們認為，對商業使用者來說，自家公司的行動裝置才是更好的選擇，因為 iPhone 價格更貴，電池壽命短了很多，接收的是 2G 訊號，還內建觸控式鍵盤。有多少

商業使用者會選擇使用這種東西？他們如果要去克里夫蘭（Cleveland）進行業務拜訪，才出了租車停車場，手機就需要重新充電了。

短期而言，黑莓公司的執行長確實是對的。這家加拿大手機製造商藉由容易使用的鍵盤、稱為 BBM 的整合企業安全與通訊系統，取悅了專業商務人士，因而能穩定成長。到了 2009 年第一季，黑莓公司已經成了賺錢生意產業的標準，市占率在美國達 55%，全球則有 20%。

接下來的三年，儘管市場仍舊以驚人速度成長，卻從這家加拿大手持裝置廠商的手中溜走了。大眾都改用新一代的智慧型手機，手機搭載的都是觸控螢幕，而非實體鍵盤。

2012 年第一季的成長率遭受重挫。新產品上市延期被列舉為造成此現象的原因之一，不過，從停滯的使用者成長率來看，很明顯是消費者對競爭產品出現了強烈需求。2012 年第一季的營收為 28 億美元，比前一季下滑了 33%，比前一年下滑了 43%。由於前景實在過於黯淡，RIM（製造黑莓機的公司）的新執行長索恩斯坦・海因斯（Thorstein Heins）解僱了 4,500 人，幾乎是全體員工的四成。「公司現在仍存活在市場上，因此完全沒有任何問題，」他接受加拿大廣播公司（Canadian Broadcasting Corporation）訪問時如此堅持道 [8]。「我

們反而認為 RIM 是間正要開始轉型的公司，而我們預料這次的轉型，將會再此改變人與人之間的溝通方式。〔……〕我們準備要在明年第一季推出新的行動平台 BlackBerry 10，預計將會以前所未有的方式讓大眾能夠自行運用。」

索恩斯坦·海因斯的預言沒有成真。黑莓公司的發展情況反而急轉直下。2013 年 9 月，黑莓公司宣布由於 Z10 這一機型銷售慘淡，第二季的淨損失逼近十億美元[9]。公司這時已經流失了大量的使用者和市占率。到了年末，全球市占率已經暴跌至 0.6%。這家頂尖公司曾在智慧型手機產業中因創新而受人推崇，如今卻遭到淘汰了。

這間加拿大電信與手持裝置製造商的自我毀滅，是近代最戲劇性的其中一則企業倒閉故事。該公司從支配企業行動電話的市場，淪落到為了要在市場存活下去而奮鬥，速度之快讓內部人員與市場觀察家都感到相當吃驚。

黑莓公司的故事也是公司內部資料有其極限的絕佳例子。從 iPhone 首次在 2007 年公開發表後，到 2012 年第一季的致命季報，黑莓公司的使用者從 800 萬增加到 7,700 萬，成長了快十倍（！）。季營收成長也同樣驚人。黑莓公司在 2007 年第一季的季營收達到 10 億美元，到了 2011 年第一季更猛增到 55 億美元，幾乎每季與去

黑莓公司的每季營收

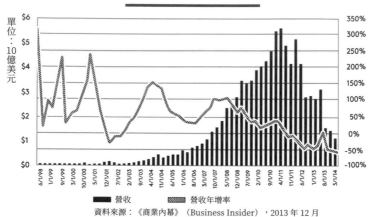

單位：10億美元

營收　■■■■　營收年增率　▨▨▨▨

資料來源：《商業內幕》（Business Insider），2013 年 12 月

上圖為黑莓公司的營收變化。營收一路大幅成長到 2011
年第一季的最高點，該季營收有 55 億美元。儘管營收大
幅成長，公司卻正失去市占率，不久便將陷入困境。

年同期相比都有 40% 到 100% 的成長率。

單獨只看黑莓公司的內部數據，誰都會覺得黑莓正從
前一次勝利走向另一次勝利。結果證明了內部資料並沒
有完整呈現出事情的全貌。想當然爾，內部資料具有偏
誤，因為它包含了公司的豐富資料，卻沒有關於市場和
競爭對手的第一手資訊。

如果研究市占率變化的話，情勢看起來就大為不同
了。這麼一來，很明顯就能發現問題似乎遠從 2009 年
第一季就開始了。直到那時為止，黑莓公司的營收都還
在大幅成長，市占率也穩定增長，全球市占率達到 20%

黑莓公司在各地區的市占率

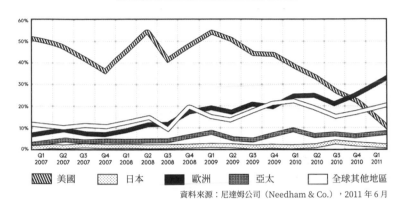

| 美國 | 日本 | 歐洲 | 亞太 | 全球其他地區 |

資料來源：尼達姆公司（Needham & Co.），2011 年 6 月

黑莓公司的美國市占率從 2009 年第一季開始急速下跌。這種走下坡的情形是黑莓公司即將衰落的先兆。

的高峰，但從這時起的變化令人非常不安。該公司的美國市占率在 2009 年第一季為 55%，不到兩年就下滑至 12%。以全球來看，市占率的跌幅較小，不過同樣在三年內就猛跌至幾近於零。

更進一步研究不同手持裝置製造商各自的信心，還能描繪出增添更多細節的全貌。採用 Symbian 的諾基亞（Nokia）和使用 RIM 的黑莓是最大的輸家，而蘋果和 Android 手機則成了贏家。Android 在比拚銷售量中勝出，從 2010 年約 10% 成長到 2013 年難以置信的 80%。不過，談到獲利能力的話，產業分析師都同意，儘管蘋果的市占率都一直維持在不多也不少的 15% 到

黑莓公司占全球手機每季出貨率

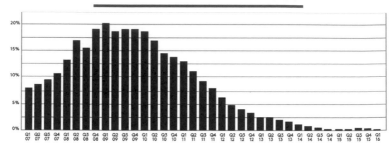

資料來源：Statista 資料庫的《財星》雜誌數據，2011 年 6 月

蘋果推出 iPhone 後，直到兩年後的 2009 年第
一季為止，黑莓公司的全球市占率都還在穩定
上升。然而，從 2010 年第一季起，黑莓的市占
率便迅速遭到蠶食鯨吞。

智慧型手機作業系統市占率百分比（季度統計）

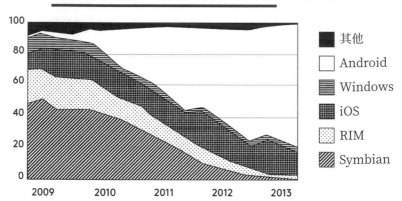

資料來源：路透社、顧能，2013 年 9 月

智慧型手機市場在 2009 到 2013 年期間經
歷了劇烈變化，Symbian 和 RIM 成了最
大的輸家，贏家則是蘋果和 Android。

20% 之間，該公司才是在市場上占盡了優勢的贏家。

根據策略分析（Strategy Analytics）市場分析公司，蘋果的 iPhone 在 2013 年第四季獲利 114 億美元，比整個產業足足多了七成的獲利能力。一年後，蘋果的 2014 年第四季 iPhone 利潤增加到 188 億美元，占了總利潤池 89% 的巨額。

全球智慧型手機營業利益（億美元）	2013 年第四季	2014 年第四季
蘋果 iOS	114	188
Android	48	24
微軟	0	0
黑莓	0	0
其他	0	0
總計	162	212

全球智慧型手機營業利益率	2013 年第四季	2014 年第四季
蘋果 iOS	70.5%	88.7%
Android	29.5%	11.3%
微軟	0.0%	0.0%
黑莓	0.0%	0.0%
其他	0.0%	0.0%
總計	100.0%	100.0%
總年增率	-	31.4%

雖然到了 2013 年第四季，Android 市占率擴大到近八成，支配著市場，蘋果卻能將多數利潤收入囊中。在第四季時，儘管蘋果市占率不到兩成，卻獲得總產業利潤的 89%。

　　造成黑莓倒閉的原因相當複雜，不過最核心的問題就在於，該公司太過集中在以前的長處——實體鍵盤和安全管理——因此市場改變時，無法以夠快的速度適應。儘管黑莓擁有驚人成長率，卻流失了市占率，這是因為競爭對手成長得更快。最終，黑莓公司將淪為無名小卒。

　　黑莓的競爭對手以更勝一籌的方式，迎合新一代智慧型手機使用者的口味，藉此刺激成長。黑莓則沒有納入新的使用者需求，像是瀏覽網路的功能、為消費媒體與服務設計的應用程式。黑莓的瀏覽器是奇糟無比的上網體驗，而該公司開始在應用程式上花費精力時，下的功夫太少也太遲了。黑莓還陷在要一心打造出能帶來生產力的電話時，由蘋果領軍的競爭對手已經在用手感光滑的設計、高解析度的色彩豐富螢幕、前所未見的創新觸控式介面，訴諸使用者感性的一面了。

　　RIM 技術長大衛・雅克（David Yach）承認公司並沒有預料到 iPhone 會大受歡迎。他在接受《華爾街日報》的採訪中說道：「照理說，這個產品應該會徹底失敗，結果卻並非如此。我從中學到的教訓是有沒有美感很重要 ［……］ RIM 被『懷疑大家會想買這種東西』的想法給困住了。」[10]

　　黑莓公司過於倚賴以前的成功之道，大大低估了競爭對手的能力。2011 年間的驚人營收成長讓公司產生了

自信心錯覺，因而無法接受市占率已經從 2009 年第一季的最高峰驟跌了。在三年內，黑莓的營收便從 2011 年的最高紀錄下滑了超過八成，並就此一蹶不振。該公司無法隨著變化的市場需求而調整。黑莓由於以前因為鍵盤介面大獲成功，因此產生了內部偏誤，把公司逼得跳下了懸崖。

在 1801 年的「哥本哈根戰役」期間，納爾遜爵士（Horatio Nelson）當時是英國艦隊的海軍中將，率領主要戰力攻打丹麥，其中有件著名的事蹟，是說他將望遠鏡放在瞎了的那隻眼睛前面，不讓自己看到指示他撤軍的旗幟。納爾遜已經下定了決心，不肯偏離他決定好要走的道路。

企業軟體雖然非常有希望將企業決策從依直覺行事的方式，轉換成以事實為基礎的嚴謹紀律，但還是有先天缺陷。公司獲得的內部資料只代表影響公司未來的一小部分資訊。從這些數字中萃取出來的洞見永遠都會深受內部偏誤所影響，並依循受到經理與高階主管層層過濾的主觀說法。

本書接下來將探討當代決策的最大盲點，以及為何在擁抱新數位世界時，新的決策典範是必備之物。這也會帶來一種全新的軟體類型，為高階主管的決策方式帶來變革，就如同企業軟體推出的當時引發了改變風潮一樣。

挖掘外部資料
等同展望未來

Oi

chapter

3

跑道（RaceTrac）是美國最大的其中一家私人企業，2016 年的銷售量達 75 億美元，旗下的便利商店和加油站遍布 12 州。[1] 公司總部位於喬治亞州的亞特蘭大（Atlanta），成立於 1934 年，由布爾奇家族三代經營至今：分別是卡爾·布爾奇（Carl Bolch）、小卡爾·布爾奇（Carl Bolch Jr），以及在 2012 年接任執行長的艾莉森·莫蘭（Allison Moran）。

當時，跑道公司的事業正旺，不過莫蘭知道有機會能藉由外部資料，更全面瞭解消費者需求，讓她能大致掌

握可能會影響商品賣得出去的因素——以及賣不出去的因素。便利商店產業沒什麼賺頭，因此如果在貨架上放了低需求的產品，可能會帶來很大的影響；由於多數的跑道商店占地不到 5,000 平方英尺（約 140 坪），貨架空間極為有限。

跑道旗下有超過 650 家自有商店以及第三方承包營運商店，歷來都是由執行長、技術長、各經營團隊進行整體的預測與規劃。莫蘭繼任後，決定要擴展公司的一些核心能力，其中一項就是趨勢預測與個體預測的模型。

「我們擁有龐大的歷史財務資訊、績效、人員評鑑、人資評鑑等種種類似的資料，不過我們參閱的絕大部分都屬於內部資料，」跑道的財務規劃與分析主任布萊德‧加蘭德（Brad Galland）如此表示。「我們決定要試著去更瞭解跟公司有關的外在世界，因為這和市占率有關。我們特別在某一年有了雙位數成長。我們研究著商店本身的獲利能力，開始提出以下問題：『那麼我們只是跟著市場一起成長，還是真的戰勝了市場？』如果我們什麼也不做，還能持續有兩位數成長嗎？」

2012 年下旬，跑道向預測分析公司 Prevedere（譯註：這個公司名也是義大利文的「預測」之意）尋求協助。雙方一同分析了一系列外部資料訊號，發現天氣資料、營建統計數據、商品定價、製造業趨勢，全都會影響跑道的未來銷量。

　　「這件事真的為我們的事業帶來了衝擊，特別是在規劃的部份，」加蘭德說。「在這之前，我們坐下來談年度財務預測時，都是根據『好，去年的銷售量是 X ──那麼，X 外加 5% 就差不多是我們打算要達成的目標了。這都是根據我們各個項目團隊把預測全加起來後，然後說，對，你也知道，我們認為飲料的銷量會成長 10%。我們認為這類糖果會成長 12%。』這些聽起來都還不錯，只除了有很多的『我認為』、『我們應該能做到那點』、『那似乎是個合理的目標』。」

　　「現在，我們有了能以事實作為根據的預測。我們現在可以說，在一定的程度上，我們蠻有信心今年的銷售量會比去年增加 9.7%。根據銷量，我們就能預估利潤率，準確到淨獲利能力的程度。這可是相當了不起的事。」

　　挖掘外部資料點，讓跑道公司得以決定每個產品類別和營運地區的領先績效指標，排除干擾，把精力集中在能提供真正預測的指標上。該公司詳細記錄了來客數的相關資訊，再結合與外部指標呈現高度相關的產品，得以打造出強大的迴歸模型，可以將預測誤差降低 15%。

　　瞭解研究外部資料的價值所在，跑道公司就是一個絕佳的企業範例。他們在外部資料中找到具有遠見的資訊，與 ERP 的分析互補。借助迴歸模型，他們因此能辨識出衝高銷售業績的關鍵外部因素。在預測過程中納

入這些方法，將能取代原先內部的憑空猜測，並大幅提高營收預測的準確性。

◎ 外部網路資料是今日企業決策的最大盲點

就目前而言，跑道公司善用外部資料的嚴謹態度並不常見。令人不安的真相是，談到要如何善用可在網路取得的豐富商業洞見時，多數公司的態度如今依然出人意料地隨意。

過去幾十年以來，**全球資訊網已經成為具有遠見資訊的最寶貴來源之一。它不僅沒有被充分利用，還成了企業決策中最大的盲點。**

企業軟體取代了以往的憑空猜測，促成了全新產業的誕生，協助公司評估生產力，並做出根據內部資料的資料驅動決定。接下來要探索的新領域，就是以同樣嚴謹的方式挖掘外部資料。

大數據與預測分析如今已成為公司高層常掛在嘴邊的行話。不過，儘管兩者受到大肆吹捧，許多公司卻還是費盡心力，想找出該如何實際應用這些新科技，才能創造真正的價值。對想要採取更嚴謹措施的企業來說，顯然下一步就是要朝公司外部尋找線索。每間公司都有會影響未來企業績效好壞的外部因素。為了要瞭解是哪些

因素，挖掘外部資料的行動就像拿著聽診器，即時聽到五力分析的聲音。

懂得利用這個機會的公司將會獲得極大優勢；不懂得利用的則與盲眼經營公司無異。

⦿ 公司忽視外部資料的實例：發明數位相機公司的崛起與沒落

1975 年 12 月，25 歲的電機工程師史帝芬‧薩森（Steven Sasson）發明了一項顛覆傳統的產品，最終將迫使他的雇主——擁有 12 萬名員工，並主導其業界市場近百年——不得不屈服。「最好的創新都是來自完全對該領域一無所知的人，」薩森說。他從壬色列理工學院（Rensselaer Polytechnic Institute）畢業後才一年左右，他的經理就請他拿「快捷半導體公司」（Fairchild Semiconductors）最近才公開的一些新晶片組，看能不能實驗出什麼名堂。實驗的結果之後會被稱為「美國專利 4131919 號」——更廣為人知的名稱則是**數位相機**。

薩森的經理對他的發明印象深刻，但仍然決定不要繼續發展這項科技，因為這將會影響到公司的主要營收來源，也就是感光底片。薩森的雇主正是備受尊崇的伊士曼柯達公司（Eastman Kodak）。該公司由喬治‧伊士曼（George Eastman）在 1888 年成立，奠基於他在靜

物照用膠卷軟片上所展現的創新之舉。柯達公司提供了
「與鉛筆一樣方便使用」的平價相機，藉此將攝影從肖
像照專業攝影工作室中解放出來，把這項科技釋出到一
般美國人的日常生活當中，之後更推廣到全世界。伊士
曼擁有精明的商業手腕。相機產業的競爭逐漸激烈起來
時，他把重點都放在製造高品質的平價底片，因而將潛
在的競爭對手都變成實際上的商業合作夥伴。在這段過
程中，他打造出將屹立超過一世紀的全球帝國。柯達在
1996 年的巔峰時期擁有逾三分之二的全球市占率，和
160 億美元的最高營收紀錄，市值達 310 億美元。當時，
柯達在全球最有價值的品牌中名列第五。[2]

　　沒想到 15 年後，一切都結束了。2012 年 1 月 29 日，
柯達公司申請破產。這間曾經赫赫有名的公司之所以垮
台，是因為沒有掌握外界變化的趨勢。柯達發明了數位
相機，照理說擁有能適應數位世界的一切科技與本事，
不過，公司高層卻固守著老舊觀念。他們忽視了所有的
外部資料，不肯放棄類比底片和沖洗照片更勝一籌的看
法。結果這成了致命的一擊。

　　為了讓身陷困境的巨擘東山再起，安東尼奧‧佩雷斯
（Antonio Pérez）在 2005 年被任命為公司的董事長兼
執行長，他的願景顯示出，柯達高層對既有商業模式所
面臨的挑戰有多一無所知。他的願景是「讓柯達為照片
帶來有如蘋果為音樂所做出的改變：協助所有人整理並

管理個人收藏的影像。在理想世界中，未來的消費者會拿著柯達的相機拍下照片，儲存在柯達的記憶體內，用柯達的沖印機印製到紙上，在店內的數位互動式多媒體資訊站進行編輯。」[3]

佩雷斯是位受過訓練的電機工程師，對科技並不陌生，卻沒有看出科技正如何改變消費者行為和舊有商業模式。人人都愛死了數位相機。有了數位相機，就可以立刻看到剛拍下的照片，而不用等到底片顯影、沖印完成。年紀大到曾用過類比底片相機的人，都記得頭一次拿起數位相機拍照的解放感。隨著網路多元發展，數位照片達到舊時攝影負片從未到過的境界。照片可以在網路上儲存、分享、編輯，讓人完全樂於不再將照片印到紙上了。

關於柯達公司的崛起和殞落，相關的文章和討論都不在少數，確實從事後的角度來看，要看清一切輕而易舉。不過，若是研究在佩雷斯先生就任時期便能取得的大量網路資料，就可以看到究竟有多少最重要的宏觀趨勢，與他想振興百年巨人的願景相去甚遠。

2005 年，當時佩雷斯被任命為執行長，也是柯達申請破產的七年前，美國的類比相機市占率跌到兩成。才五年前，類比相機一直以來都完全主宰著市場，市占率達八成。同樣在這五年期間，膠卷軟片的銷售量（柯達公司的主要營收來源）下滑了 50%。

美國類比 vs. 數位相機銷售量

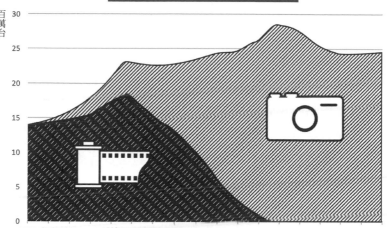

百萬台

資料來源：第三條路（Third Way）智庫，2014 年 4 月

■ 類比　☑ 數位

底片退燒

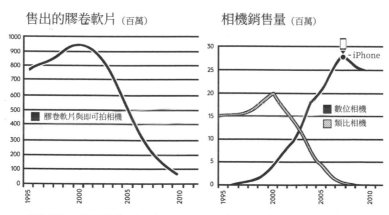

售出的膠卷軟片（百萬）

膠卷軟片與即可拍相機

相機銷售量（百萬）

iPhone

■ 數位相機
▨ 類比相機

資料來源：《科技評論》（Technology Review），2012 年

　　儘管市場趨勢相當明顯，柯達仍然不願意做出調整。該公司堅持繼續採用舊有的商業模式，而不是考慮消費者想要什麼。卡馬爾・穆尼爾博士（Dr Kamal Munir）是劍橋大學的策略與政策研究副教授，在柯達申請破產後於《華爾街日報》歐洲版中如此寫道：「柯達公司不願放掉極為賺錢的底片事業，其毛利幾近 70%，因此多年以來，藉由更小的相機、數位編碼軟片以及像是相片光碟（Photo CD）的混和科技，試著要延長底片的壽命。」[4]

　　柯達的故事顯示出，外部資料確切呈現了從類比逐漸轉換至數位攝影的變化現況。而就本質上來看，柯達這間製造感光底片的化學公司，拒絕接受外部資料所透露的故事。柯達的數位影像部門被關在公司的羅徹斯特（Rochester）總部裡，分派到的任務是要用類比底片事業創造綜效，而不是加倍投資獨立的數位商業模式。

　　儘管柯達在攝影市場具有統治地位——還記得「柯達一瞬間」（Kodak moment）這句話嗎——卻從來沒有辦法參與數位攝影市場創造巨大價值的過程。諷刺的是，柯達擁有規模最大的其中一項網路照片服務「柯達畫廊」（Kodak Gallery）。根據傳播主任莉茲・斯坎隆（Liz Scanlon），在 2008 年的巔峰時期，柯達畫廊擁有逾 6,000 萬名會員，管理著「數十億」張照片。柯達在 2012 年申請破產後，柯達畫廊以 2,380 萬美元的價格賣給了主要競爭對手瘋攝影（Shutterfly）[5]。

◎ 公司仔細留心外部資料的實例：全球數位攝影市場贏家的誕生

2010 年 3 月，一家名為 Burbn 的新創公司從基線創投（Baseline Ventures）和安霍創投（Andreessen Horowitz），獲得了 50 萬美元的資金。[6]Burbn 是以 Foursquare 為原型打造出的所在位置打卡應用程式。使用者可以在特定地點打卡、規劃未來行程、和朋友出去玩時賺點數、張貼聚會的照片。不過，這個應用程式從未大紅過。

創辦人凱文・希斯特羅姆（Kevin Systrom）和麥克・克里格（Mike Krieger）沒有放棄，繼續為應用程式進行細部調整。他們發現，大家根本沒有在使用 Burbn 的打卡功能，反而是利用了照片分享的功能。凱文和麥克發覺自己意外碰上了一件很有趣的事。他們將所有心力都投注到照片分享上，而研究了照片分享市場中的參與者後，他們斷定濾鏡容易上手的酷炫 Hipstamatic 相機應用程式，以及照片應用程式分享功能仍然相當有限的臉書，在兩者之間還有空間可以搶占。

2010 年 10 月 12 日，兩人推出了一個簡單的照片分享應用程式，只要點擊三次，就能張貼照片。這些影像受限於正方形的格式內，與柯達的傻瓜相機（Insta-matic）和拍立得（Polaroid）很類似，原本的照片經過

一連串單次點擊的強大濾鏡，就能強化和美化。應用程式被命名為 Instagram，不到兩個月，使用者就超過了 100 萬人。

2011 年 2 月 2 日，Instagram 在 A 輪募資（由於是外部募資的重大首輪，矽谷投資者如此命名）獲得了 700 萬美元，各路投資者包括了基準資本（Benchmark Capital）、推特的共同創辦人傑克・多西（Jack Dorsey）、前 Google 特別企劃主管克里斯・薩卡（Chris Sacca）、前臉書技術長亞當・迪安傑羅（Adam D'Angelo）。[7]Instagram 這次募資輪的估值約為 2500 萬美元。

Instagram 迅速成長，到了 2011 年 9 月 26 日，已經擁有 1,000 萬名使用者[8]；蘋果也將 Instagram 選為 2011 年的 iPhone 年度最佳應用程式[9]。2012 年 4 月 3 日，Instagram 在 Google Play 推出時，Android 的版本不到一天內就下載了超過 100 萬次。同一週，Instagram 從創投公司紅杉資本（Sequoia Capital）、興盛資本（Thrive Capital）、灰鎖夥伴（Greylock Partners），共募集到了 5,000 萬美元，公司估值則來到 5 億美元。[10]

而確實注意到 Instagram 大獲成功的人，是 26 歲的臉書創辦人馬克・祖克柏（Mark Zuckerberg）。臉書當時是全球最大的社群網絡，擁有 8.5 億名使用者，兩個月前才申請首次公開發行（IPO），計畫籌資 50 億美元，估值達 1,000 億美元，成為科技史上規模最大的 IPO 之

一。儘管臉書如此成功，卻在行動平台上落後於競爭對手，讓 Instagram 以照片分享的功能成為熱門話題。Instagram 是間規模非常小的公司，員工只有幾十名，還沒有營收，但祖克柏覺得受到了威脅。前一年夏天，他已經向凱文‧希斯特羅姆提出收購案，不過希斯特羅姆婉拒了提議，因為他想建立一家獨立公司。

2012 年 4 月 9 日星期一，伊士曼柯達申請破產已經過了三個月，這時，臉書以 10 億美元的現金與股份收購了 Instagram。[11] 雖然沒有可公開取得的資訊顯示，祖克柏是做了哪方面的研究，才下了這個決定，不過 Instagram 在 Google Play 推出後大放異彩，六天後就出現收購案，兩者之間脫不了關係。在那六天之中，500 萬名使用者下載了 Android 版的 Instagram。Instagram 以 10 億美元被收購時，擁有 2,700 萬名使用者 [12]，連四年前柯達畫廊使用者人數的一半都還不到。

Instagram 和柯達畫廊不同，成長速度驚人，是炙手可熱的應用程式。Instagram 募集到 5,000 萬美元資金的隔天，祖克柏就在位於加州帕羅奧圖（Palo Alto）的自家中，和希斯特羅姆展開長達三天的執行長對執行長協商。祖克柏開出希斯特羅姆無法拒絕的價碼，成功收購了造成大轟動的照片分享應用程式。

收購案公開後，祖克柏飽受批評。Instagram 才 18 個月大，只有 13 名員工，也沒有營收。該應用程式的確

擁有將近 3,000 萬名使用者，但他們全都是免費使用者，公司也沒有計畫要如何從中賺錢。這件收購案很顯然在臉書的股東和董事會成員之間引起了不安，他們都認為祖克柏「不成熟」，做事「過於專斷獨行了」。[13]

　　三年多後的 2015 年 9 月，Instagram 的使用者人數達到 4 億。RBC 資本市場（RBC Capital Markets）分析師馬克・馬黑尼（Mark Mahaney）在 2015 年的年終分析中預測，Instagram 將成為臉書的「2016 年年度大事」，並估計該年的照片分享營收會達到 20 億美元。[14] 美銀美林集團的分析師賈斯汀・波斯特（Justin Post）和喬伊絲・陳（Joyce Tran）也都認為 Instagram 後勢看漲。他們在 2015 年下旬給客戶的一份分析師簡報當中，估計單獨只看 Instagram 的話，其身價落在 300 到 370 億美元之間。[15] 他們的研究顯示，Instagram 已經成為中國境外最大的社群網絡（臉書不包含在內）。兩人在報告中寫道：「如果 Instagram 能堅持到底並持續成長，將會讓祖克柏在 2012 年的 10 億美元收購案，看起來像是有史以來最划算的交易。」

　　Instagram 的故事講述一個深得人心的故事，訴說著兩個二十出頭的創業家，在 18 個月內讓最初失敗之作鹹魚翻身，成為兩人出場時創造 10 億美元的商機，期間卻沒有帶來半毛收入。

　　這也是一個關於全球巨人的故事，訴說著一家公司密

切關注著世界的變化走向。Instagram 和臉書比起來，是間微不足道的公司，不過透過像 App Annie 的服務，就可以在網路取得 Instagram 在使用者成長方面的集客力數據。而臉書創辦人兼執行長的馬克‧祖克柏注意到了這點。就在他的公司正處於估值高達 1,000 億美元的手忙腳亂時期，**祖克柏將 Instagram 視為潛在威脅，必須立即著手應付**。照片是網路上最具吸引力的一種資料類型，如果 Instagram 能夠讓使用者繼續成長下去的話，總有一天會成為連臉書都能威脅的存在。祖克柏的 10 億美元保險費結果成了「划算的交易」。這筆交易讓臉書成了全球數位照片市場的贏家，更鞏固了臉書身為社群媒體絕對王者的地位。

假如臉書只參考內部的財務資訊，絕對察覺不到有新的競爭對手即將在照片市場崛起。祖克柏唯有仔細研究外部資料，才能辨識出 Instagram 可能會帶來的威脅。

1609 年，伽利略將一具望遠鏡送給了威尼斯政府，由於透過望遠鏡可以看到航海船隻的時間，比肉眼看得到時還要早了兩小時，伽利略因此名利雙收。這項科技的軍事效益顯而易見，實際運用後也成果非凡。公司企業為了獲得具有遠見的洞見，挖掘外部資料的益處也具有同等的吸引力。本書第 2 部就將呈現以系統性方式進行上述流程的決策典範。

新決策典範 Outside Insight

2部

以外部洞見的典範經營公司，看起來會愈來愈像在進行一連串的 A/B 測試。你會反覆採取不同的行動，仔細評估每個行動的成效有多好。你會投資更多錢在行得通的方法上，放棄那些證實發揮不了作用的方法

外部洞見：新數位世界適用的新決策典範

Oi

chapter

4

富豪環球帆船挑戰賽（Volvo Ocean Race，簡稱為 VOR）是全球難度數一數二的運動賽事。在長達九個月的期間，七支隊伍將從西班牙阿利坎特（Alicante）出發，環繞全球，最終抵達瑞典哥特堡（Gothenburg），途中則會經過各大洲的港口。

此挑戰賽在 1973 年首次登場，當時名為「惠特貝瑞環球帆船挑戰賽」（Whitbread Round the World Race），現在每三年舉辦一次。直到不久前，各隊伍帆船設計的特色——像是船的長度、重量、船帆——都

對船速有很大的影響。然而，為了確保挑戰賽比的是技巧而不是船隻，2014 至 15 年賽事的規則經過了更改。沒有隊伍占上風或占下風，因為每艘船都是採用了所謂的「單一船型」。船隻接著會由世界級的四大造船廠之一建造而成。這代表只有一個變數會決定船隊能不能獲勝：運動選手以航海員的身分，橫跨大西洋、太平洋、印度洋、南冰洋總長 4 萬 4,580 英里（約 7 萬 2,000 公里）賽道的高超本領。

「我們的比賽是地表上歷時最長的運動賽事，共九個月，這表示我們必須不斷根據資料做出決定，」商業合夥主任伊尼戈‧阿茲納（Iñigo Aznar）說，商業情報屬於他工作的一部分。「這項賽事難以預測，我們知道什麼時候開始，也知道什麼時候結束，但我們不知道的是在這期間會發生什麼事。」

比賽進行時，指揮中心每三秒就會透過衛星科技從船上收到資料，船隊則使用分析工具，像是用生物特徵量測監控航海員的生理狀況，每位航海員每天都會燃燒 6,000 大卡的熱量——是一般人平均每天消耗掉的三四倍。[1] 氣象資料——偵測風速和像是海冰的危險——是由設於阿利坎特的極為先進管理中心所監控，這間昏暗的房間充斥著電腦硬體與整牆的螢幕，一半作為任務管制，另一半則是媒體中心。

VOR 會產生數量驚人的內容——在 2014 至 15 年的

賽事當中，從船上傳送的直播影片共 4,874 分鐘，比賽期間的電子郵件或衛星傳輸量總共用掉 26 萬 5,267MB。[2] 所有 VOR 的相關內容全都在阿利坎特製作、剪輯和發布，發布管道除了傳統媒體以外，還有像是 YouTube、推特、臉書的社群媒體，以及官方網站。「我們有辦法在半個小時內，從船上傳送或是由中心接收影片，再向全世界的媒體發布經過剪輯的版本，」阿茲納表示。

以前，船隊設計並打造好船隻後，相機就會裝在船上。新一代的帆船更像是移動式電視演播室，配備了五個位置適當的固定式攝影機，以及兩個衛星鏈路點，可即時無線傳輸影片。攝影機可由遠端操控，麥可風則裝在無論海上狀況為何都能加強收音效果的合適位置：音響設備和攝影機都不受風雨影響，至關重要。每艘船上也都有一位多媒體記者，負責日夜不停記錄與訪問。

「今日，你不能講某個發生在昨天的故事，」阿納茲說。「由於媒體管道的關係，一切都得即時才行，所以我們建立了一個高品質系統，能夠迅速報導比賽。那就像是路易斯·漢米爾頓（Lewis Hamilton）的一級方程式賽車裡有個記者，問他說：『你現在感覺如何？』」

某幾段賽程中，全體船員會日以繼夜航行將近三週，經歷身心皆極為疲憊的時刻，而身處的環境又經常變化莫測。2014 年 11 月 29 日，維斯塔斯風力隊（Vestas Wind）擱淺，被困在卡加多斯卡拉荷斯沙洲群島（Car-

gados Carajos Shoals），位於印度洋中的模里西斯共和
國東北約 240 海里（約 450 公里）。九位船隊成員最後
都被撤離，數人身受輕傷。船上攝影機捕捉到整起事件
的過程，錄下了令人難受卻移不開目光的每個細節。

VOR 擁有野心勃勃的願景。阿茲納說，他們的目標
是「成為全世界發揮得最好的數位全球運動競賽」。他
們必須為贊助商創造價值，而為了要做到這點，他們致
力用令人目不轉睛又激動人心的內容，與全球數百萬名
觀眾交流。

「我們必須即時得知內容究竟適不適合，」阿茲納
說。「好，比方說我們在臉書發布影片、發出新聞稿或
是進行訪問，就得知道這些內容在全球引起了怎樣的反
響。然後，我們就可以做出決定，因為已知道了哪種類
型的故事會收到更好的效果。我們會評估效能，就跟大
部分運動賽事一樣，不過我們的即時需求更為強烈。」

監測內容效能，指的是知道哪種推文效果最好或哪些
照片在 Instagram 上讓大眾投入程度最高，這涉及了多
項指標。例如，VOR 團隊發現，內容張貼的時間如果
是落在中午 12 點到下午 2 點之間，臉書上的參與程度
會增加 20%。在星期一至五期間的張貼效果，比在週末
張貼要來得好。為什麼呢？因為多數有在追 VOR 的人
都屬於社會中上階層，因此很有可能都是隸屬於管理階
層；上述資料暗示了他們是在午餐時、在辦公桌上追賽。

這點帶出了關於時機的策略性決定。比如船隻進港時，VOR 團隊注意到網路流量大幅下降。

「我們延後一段時間才發布一些絕對要公開的最有趣內容，以維持不同市場的觸及率，」阿茲納表示。「這樣的資料洞見幫我們做出實際決策，決定要如何充分運用使傳播效果更好，到頭來也讓我們的贊助商受益更多。」

多數公司企業從富豪環球帆船挑戰賽上要學的可不少。九個月的帆船大賽是以極為嚴謹的方式打造出來的指揮行動。在大海的惡劣環境之下，VOR 團隊運用最先進的科技，收集內部和外部資訊，並將科技與即時決策發揮到極致，全都是為了盡可能打造出最好的運動賽事以及最棒的觀賞體驗。

⬚ 外部洞見典範

企業決策的方式注定會經歷重大變革。目前的企業決策受內部資料和歷史事件所主宰，忽略了可在網路取得的豐富資料，還受限於不足以跟上今日步調快速世界的季度時間表。

不論公司企業的規模是大是小，如今都在學著用類似於富豪環球帆船挑戰賽的方式做出決策。他們都將心力投注在瞭解週遭世界的變化，並從外部資料挖掘即時洞

見，藉此成長茁壯。

這種新的決策方法遠離了舊時典範，而舊典範都聚焦在只關心企業內部的關鍵績效指標、財務資訊、年度計畫、季報。新決策方法反而分析外部資料，以瞭解競爭局勢的即時變化。這種方法不再把重點放在你正在做的事，而改放在產業正在做的事。這種方法關切的重點比較不擺在回顧過去，而是展望未來。這種新決策典範因採納了多元的網路資源，而化為可實踐的手段。這是為了新數位世界打造的新決策典範。我們在融文都稱之為「**外部洞見**」（Outside Insight）。

	舊典範	新典範
重點	我的公司	我的產業
資訊來源	內部	外部
分析工具	落後指標	領先指標
頻率	季度	即時
營運方式	被動	主動

在外部洞見的典範中，重點將轉移至**偵測那些會影響事業的外部因素變化、即時調整行事方向，以及透過競爭基準化的比較方式評估最新採取行動的效果**。

經營一家公司會慢慢不再是滿腦子都想著歷史營運資料，還有要主宰全球市場的五年綱要計畫。經營公司反而會轉變成接納**無法預測**的未來，並確保自己在經營

過程中每踏出去的一步，都朝目標更接近一步。這種方法相當靈活應變，因為你會小心留意將走過的道路狀況——避開路面隆起部分，懂得在機會出現時好好把握。

　　這也許聽起來有點像是在沒有周全計畫下，憑著感覺胡亂行事。我反而認為是正好相反。周全策略的必要性仍然和以往一樣重要，不過，原先用於「計畫」的嚴謹態度，現在則改放在即時偵測所耗費的功夫上，而偵測的對象是競爭局勢的變化，以及每次調整了行進方向時是否有成效。

　　以外部洞見的典範經營公司，看起來會愈來愈像在進行一連串的 A/B 測試。你會反覆採取不同的行動，仔細評估每個行動的成效有多好。你會投資更多錢在行得通的方法上，放棄那些證實發揮不了作用的方法。下決定要根據事實，而用來衡量成功或失敗的標準很簡單：你跟競爭對手比起來是占了上風還是屈居下風？

◌ 決策將在三個關鍵之處有所改變

　　以外部洞見的典範來看，決策在三個關鍵之處與以往有所不同。首先，這種典範從外部資料加入了具有遠見的洞見，這在決策過程中是不可或缺的要素。第二，為了回應外部因素的關鍵變化，決策得即時做出才行。第三，公司企業要將自家的成長與未來規劃，以基準化方

式與競爭對手相比較。

（1）外部資料

根據網路市場研究公司 Statista，硬體和專業服務上所花的費用不包含在內的話，2015 年的全球企業軟體費總共是 3,140 億美元。[3] 相較之下，波頓泰勒國際顧問研究公司估計，2014 年媒體情報全球市場總值僅只有 26 億美元。[4] 外部資料毫無疑問確實不只能用於媒體監測，不過比較上述兩者還是有其意義。比較這兩份研究報告後，其中的差異令人驚訝不已。公司企業今日為了瞭解內部資料每花了一美元，就只有約一分錢是分配在瞭解外部資料的任務上。

過去幾十年以來，企業軟體協助公司善用自家內部產生的豐富營運資料。現在就是時候了，該把同樣嚴謹的態度放在分析外部網路資料，才能協助企業瞭解自己競爭環境中的變化動態。企業認真看待外部資料的話，就會更加瞭解重要的外部因素，並能藉此促成策略決定，而這種決策是單靠內部資料所無法達成的。

挪威的乳製品龍頭公司 Tine 發現到這點時，新出現的競爭對于正開始要入侵他們最賺錢產品的市場。多年以來，Tine 由於稱為 Tine IsKaffe 的冰咖啡飲品，而在挪威享有逾九成的市占率。Tine 處於令人稱羨的地位，並在挪威的雜貨產業創造了全新的產品類別，每年都強

勢成長。然而在 2010 年，Tine 的市場地位受到了挑戰，因為濾泡式咖啡和咖啡豆經銷商費里勒（Friele）進入了市場，並以大肆宣傳的行銷活動，推銷冰咖啡的競爭品牌。

這完全出乎 Tine 的意料之外。該公司的管理階層聯絡了融文，請我們幫他們瞭解整個狀況。Tine 想要知道，面對這個新威脅，他們要做何反應。他們找上我們時，正在考慮要採取策略性的推式行銷，而這將會吃掉大量企業資源。我們分析出現在社群媒體中的討論後，找到了兩項關鍵發現。

首先，網路上之所以有很多人在討論冰咖啡，是因為費里勒推出產品時非常成功。其中有一點獲得了格外正面的反應，那就是大家真的很喜歡費里勒全新時髦的鋁製包裝，特別是年輕消費者族群。

第二，大眾對於費里勒新飲品的真正味道似乎並不怎麼興奮，反而寧願喝 Tine 的冰咖啡。網路上的普遍看法是費里勒的冰咖啡太甜了。

根據這些發現，Tine 的負責人否決了最初想發起昂貴廣告活動的衝動，反而決定採取觀望的態度。結果證明了這麼做是個好決定。最初在社群媒體上的發現確實適用。儘管費里勒採用時髦的包裝，實際的內容物卻無法威脅到 Tine 在冰咖啡產業的地位。費里勒有辦法打入市場，卻沒辦法把 Tine 的市占率降低到九成以下。

不過，費里勒進入市場的舉動，卻帶動了冰咖啡市場的整體買氣，讓主導市場的 Tine 成為最大的受惠者。

Tine 的例子顯示了外部資料能為決策帶來的價值，而在這個實例中，外部資料指的是社群媒體。與其觀望費里勒的新競爭產品會如何影響 Tine 的未來銷量，一次快速的分析反而找出了消費者喜愛產品包裝等的寶貴線索（如果沒有社群媒體，就很難獲得這些線索），協助 Tine 選擇用經過慎重思考的方式，回應來自費里勒的威脅。

（2）即時

外部資料提供了企業生態環境和競爭局勢發展的即時變化。**利用即時分析，就能比以往更早看出機會和威脅，並依此行事。**為了決定下季的走向而參考上季的結果，這種一貫的作法已經行不通了。反倒是外部資料能讓公司企業在發展時，因應各種事件進行調整。

2008 年，全球最大的一個運動服飾品牌經由融文的即時分析，開始注意到令他們煩惱的問題。該品牌的連帽運動外套在英國逐漸和犯罪活動扯上關係——媒體發布的警方調查報告當中，經常提到嫌犯在犯案時，穿著該運動服飾品牌的連帽外套，以隱藏他們的身分。

這間公司考慮了整個狀況後，發現自家品牌被劫持了。多個部門都達成了這樣的共識，也思考著公司應該

要如何回應。研發團隊仔細研究了隱藏身分手段的實際細節，看衣服究竟是如何用來遮住犯人的臉，不讓受害者和閉路監視系統看到。這件運動外套的連帽部分原先是設計成一個大兜帽，會往額頭前方多伸出幾公分，讓穿戴者有辦法隱藏自己的臉。研發團隊評估了幾個設計上的可能更動，最後終於找到了能夠保護自家品牌的解決方案，並解決核心問題。新的連帽上衣部分經過重新設計，所以兜帽前緣無法向前拉到能遮住臉。等到新的連帽外套上架後，英國警方調查報告中提到該品牌的次數便不斷減少了。

多虧了即時分析，這家運動服飾龍頭發現犯罪活動確實敗壞了自家品牌的名聲，並迅速找到了應對方法，重新設計產品，減緩這個問題。該公司迅速採取行動，才能在問題真正爆發前處理好問題，並讓自家品牌從這起事件中安然脫身。

（3）基準化比較

外部資料帶來的其中一個最美妙機會，就是你可以從競爭對手身上學到的，和從自家公司身上學到的一樣多。這是專屬於外部洞見的前所未有大好機會。外部洞見能協助你即時分析競爭對手，而透過與同儕企業基準化的比較後，還能更深入瞭解自己的優劣勢，並回答數個重要問題，例如：和同產業的其他公司相比，你雇

用了多少業務人員？和競爭對手相比，你的品牌在一線
媒體有多常是以正面形象示人？你在網路廣告方面的投
資，比產業平均投資量多還是少？

　　為此，我經常把外部洞見機會當成是「基準科學」。
利用外部資料，就能根據第三方資料進行「同類型」的
比較，評估自己和競爭對手較量時，勝算有多大。像這
樣的基準化比較，會產生誠實無比的指標，直接克服內
部偏誤和錯誤觀念的問題，而適當運用的話，將會成為
把形勢扭轉成對自己有利的決定性因素。

　　Hike 即時通是印度本土的通訊軟體，一直以來都不
斷向 WhatsApp 和臉書即時通的業界巨人發起挑戰。
Hike 在 2012 年於印度推出後，迅速累積了大量使用者；
2016 年 1 月，Hike 宣布使用者超過了 1 億名[5]，而根據
行銷長維杜・維亞斯（Vidur Vyas）所言，Hike 已經毫
無疑問成為印度國內使用者花第二多時間的通訊軟體，
落後於主導市場的 WhatsApp，不過遙遙領先臉書即時
通。Hike 即時通之所以能成功以小搏大，關鍵就在於以
高明手腕運用外部洞見，以及善加利用基準化比較。

　　通訊軟體是個非常有意思的市場，現在已經成為未
來稱霸網路的兵家必爭之地。最複雜的通訊應用程式都
是發展自亞洲，其中主導市場的有微信（中國）、Line
（日本）、Kakao（南韓），全都發展成整合完善的單
一應用程式，包含了成熟的電子商務解決方案、叫車應

用程式、行動錢包。這些應用程式都顯示出，如果想要打入線上商務、線上內容、其他線上服務的市場，通訊軟體會成為重要的切入點，這項前景已經開始讓臉書、Google、亞馬遜等西方網路巨人憂心不已。他們究竟有多憂慮，在 2014 年終於清晰可見了，當時臉書提供190 億美元的價碼以及一席董事的席次，要收購 What-sApp，後者幾乎沒有什麼營收，卻有辦法成為亞洲市場以外的全球最大通訊應用程式。[6]

在此領域，印度仍然是個競爭相當激烈的市場，Hike 雖然最晚才加入戰局，但因為打造了深受使用者喜愛的獨一無二本地化功能，始終都能從主導市場的WhatsApp 和臉書即時通手中奪走市占率。其中一個功能就是所謂的「私人聊天室」，可以用來隱藏你正在和誰聊天，這項功能在青少年族群中特別受到歡迎。「這全都是來自仔細聆聽消費者想要的是什麼，」維杜·維亞斯說。「像融文提供的這類工具，正在改變行銷和產品開發的領域。我們用這種工具去瞭解消費者的需求，優先決定要投入開發哪些產品功能，並規劃有效的行銷活動。我們使用的儀表板上有即時的競爭基準化比較資料，可用來瞭解什麼行得通、什麼行不通。」

Hike 簡單的成功祕訣一直以來都非常有效。2016 年8 月，距 Hike 推出後已經過了三年半，公司這時宣布將募集 1.75 億美元的資金，估值達 14 億美元。[7]這一輪

	上市日期	每月使用者	市場	服務	市值／美元
微信	2011 年 1 月	7 億 2016 年 3 月	中國	電子商務、社群媒體、電視、遊戲、雜貨送貨、叫車、付款	836 億 2015 年 8 月
Line	2011 年 6 月	4 億 2014 年 6 月	日本	電子商務、社群媒體、電視、遊戲、雜貨送貨、叫車、付款	90 億 2016 年 7 月
KakaoTalk	2010 年 3 月	1.7 億 2015 年 2 月	韓國	電子商務、社群媒體、電視、遊戲、雜貨送貨、叫車、付款	30 億 2015 年 3 月
WhatsApp	2010 年 1 月	10 億 2016 年 1 月	全球其他地區	即時通訊、語音通話	190 億 2014 年 1 月
Hike	2012 年 12 月	1 億 2016 年 1 月	印度	即時通訊、語音通話、檔案分享、折價券、遊戲、聊天機器人、內容	14 億 2016 年 8 月

資料來源：Statista

募資的主要投資來自騰訊，也就是擁有主宰中國市場微信的企業。一夜之間，這間不被看好的在地公司獲得了滾滾而來的資金，再加上微信曾推出詳盡的線上服務，有這樣的經驗作為後盾，Hike 突然在競逐印度網路市場的主導地位上，成了得以和馬克・祖克柏力拚的對手。

外部資料的價值所在 Oi

內部偏誤和錯誤觀念形形色色。我們全都會有。每家公司的內部運作方式都充斥著這兩者。有些錯誤觀念無傷大雅,但其他則會帶來極為嚴重的後果。在本章中將看到,一個錯誤觀念導致社會付出了幾兆美元的代價,並讓數百萬名美國人失去了自己的家。這起事件具有強烈的警示作用,提醒著所有人內部偏誤和錯誤觀念會招來多大的危險,以及隨時將外部資料納入考量有多重要。

曾在 2016 年榮獲奧斯卡的電影《大賣空》(The Big

Short），由克里斯汀·貝爾（Christian Bale）、布萊德·彼特（Brad Pitt）、史提夫·卡爾（Steve Carell）、萊恩·葛斯林（Ryan Gosling）主演，講述四個男人分析了在2003至04年與借貸相關的公開資料，讓他們看見了沒有其他人能看出的事實。

貝爾飾演的麥克·貝瑞（Michael Burry）是傳人避險基金（Scion Capital）的避險基金經理人，早在2005年就預測會出現金融危機。貝瑞為了要瞭解「次級抵押債券」（subprime mortgage bond）的運作方式，瀏覽了上百份也細讀了幾十份不同抵押債券的公開說明書。每份說明書都包含了130頁的指南，而根據電影原著作者麥克·路易士（Michael Lewis），除了撰寫說明書的律師以外，貝瑞是唯一詳讀過這些說明書內容的人。貝瑞利用了這項資訊，和房貸市場對賭，為他的傳人基金和客戶賺取高報酬。

到了2005年中旬，綜合股市指數跌了6.84%的那段時期，貝瑞的基金卻上漲了242%，而他則開始婉拒投資人加入。[1]到了2008年6月30日，從2000年11月1日傳人基金創立後就一路跟隨的每個投資人，扣掉費用與支出後，獲利高達489.34%。（基金的總獲利則是726%。）同期的S&P 500指數報酬率只比2%高了一點而已。

外部資料修正孤立偏誤的重要性

貝瑞靠著和房市對賭賺了一筆。他看見了某樣其他人沒有看到的東西。他的秘密超級力量很簡單——他花了時間閱讀抵押貸款的公開說明書。這些說明書是任何人都能自由公開取得的資訊，但結果卻沒有其他人願意花時間去研讀。

貝瑞對賭的金融工具被稱為「不動產抵押債券」（subprime mortgage-backed security，MBS）和擔保債權憑證（collateralized debt obligations，CDO）。傳統的看法是，這些工具是由業界最出色的風險專家所設計，並設計成絕不會失靈。信用評等機構給予這些工具最高 AAA 的信用評等，也就是所謂的「不會違約」評等，而高報酬的特性也讓這兩者廣受歡迎。從 2004 年到 2006 年，美國的次級借貸市場從抵押市場的 8% 成長到 20%，並在 2007 年 3 月達到驚人的 1.3 兆美元最高峰。[2]

信評機構之所以給出最高的信用評等，是因為認為房價會漲，抵押貸款拖欠率會維持在過去的水準。貝瑞在讀抵押貸款公開說明書時，意識到這種想法錯了。次級抵押貸款工具降低了放貸的標準。他發現遲延付款出現了令人擔憂的趨勢，領悟到拖欠率將會比過去水準大幅上升，上升的期間則會對房價施加相當危險的壓力。

　　他意識到，一旦現況繼續發展下去，全世界所仰賴的先入為主觀念就不再適用了。每個人都錯了，而全球經濟就要崩盤了。他仔細核對了第二次，又核對了第三次，不過每次都達成同樣的結論。

　　當時，貝瑞的想法與一般普遍的看法實在過於大相逕庭，高盛還得創造出全新的工具，才能讓他賣空市場。賣空 AAA 抵押債券的念頭簡直荒謬到了極點，也從未有人這麼做過。電影裡有一幕令人難忘，那是貝瑞在和高盛協商時，最後開口要求對方提供擔保品，以免高盛到時候無力償還。貝瑞是真心害怕銀行會破產，不相信銀行的清償能力，甚至連高盛都不信任。貝瑞的預測成真之前，也承受著投資人的群起抗議，他們想拿回自己的錢，是因為認為貝瑞瘋了。

　　我們也知道，貝瑞的預測確實成真了。2007 年 10 月，約莫 16% 次級浮動利率的貸款不是逾期 90 天，就是貸方開始進行法拍程序：這大約是 2005 年比例的三倍。到了 2008 年 1 月，拖欠率上升至 21%，該年的 5 月則來到了 25%。2007 年 8 月到 2008 年 10 月的期間，美國有近一百萬棟的住宅遭到法拍，讓房價跌了將近三成。

　　2007 年與 2008 年的次貸風暴為美國和歐洲的經濟帶來嚴重的長期後果。美國進入了大蕭條時期，2008 年和 2009 年期間失去了近 900 萬份工作——大約占了勞

動力的 6%。到了 2008 年 11 月上旬，美國股市從 2007 年的高峰下跌了 45%。這次金融危機影響了每一個人。在《外交事務》期刊（Foreign Affairs）上的一篇文章中，投資銀行家與前柯林頓政府的財政部副部長羅傑・C・阿特曼（Roger C. Altman）估計，2007 年 6 月至 2008 年 11 月間，美國人民的資產淨值減少了逾四分之一。[3]

美國的金融海嘯也波及了歐洲地區。舉凡希臘、葡萄牙、愛爾蘭、西班牙、賽普勒斯等多個國家，都無力償還債務，或無法為公債再融資，或無法紓困過度負債的銀行，因此得向歐元區的其他國家、歐洲央行（ECB）、國際貨幣基金會（IMF）尋求協助。2008 年到 2012 年的期間，歐洲也努力對抗著高失業率，以及估計有 9,400 億歐元的高額銀行損失。[4]

在 2010 年 4 月 4 日《紐約時報》的社論對頁版上，這時已經在全球聲名大噪的麥克・貝瑞表示，任何人只要在 2003 年、2004 年、2005 年仔細研究過金融市場，就能看出次貸市場中的風險日益增高。[5]貝瑞之後也說道：「我不是去尋找有賺頭的賣空交易。我是花時間尋找有賺頭的多頭交易。我賣空抵押貸款，是因為我必須這麼做。我腦中邏輯的每一個小部分都帶我通向這件交易，而我就是得這麼做。」[6]

貝瑞靠著分析可以公開取得的資訊，發現了全球共有的錯誤觀念，而這觀念將會導致近代規模最大的一次金

融危機。

⬡ 收拾殘局

次貸危機讓全球各地的銀行巨頭大受打擊。大家真的都很害怕國際銀行體系會瓦解，每個人都會賠錢，而全球會迅速陷入金融末日。

我自己其實對整個情況並不是很瞭解，不過我知道投資銀行家和哈佛畢業高材生都驚慌不已，把儲蓄換成黃金和地處偏僻的農田：選擇黃金是因為害怕金錢會失去價值，偏僻農田則是要逃離社會的動盪不安和種植作物。這次危機最接近核心的人真的都嚇壞了。

世界各地的政府必須援助深陷麻煩的銀行，以免自己國家的經濟崩盤。美國、英國、比利時、法國、德國、冰島、愛爾蘭、盧森堡、荷蘭都出現了這種情形。全球各個角落的人都開始對銀行失去了信心，擔心起自己的存款。只要銀行顯露出一絲疲態，就會有大批人潮設法要把錢提出來。

2007 年 9 月 14 日，英國第五大的抵押貸款業者北岩銀行（Northern Rock）宣布將需要政府資助後，引起一片恐慌，總銀行存款約一成的 20 億英鎊在 48 小時內就被提領一光。[7] 其中有一件插曲是，警方還被叫到了赤爾登罕（Cheltenham）的分行，就因為該分行的經理拒

絕讓兩位聯合帳戶持有人從帳戶中提領 100 萬英鎊，於是被兩人困在自己的辦公室裡。[8] 他們的錢存在網路帳戶內，而在北岩銀行官網由於湧入了大量想登入的顧客而當機後，兩人無法存取帳戶。2008 年 2 月 22 日，為了不讓北岩銀行倒閉，英國將其收歸國有。國營化的過程中，所有北岩銀行的股東都遭到除名，不過銀行顧客的存款都安然無恙。

在金融風暴最劇烈的時期，我開始擔心起美國的銀行是否健全。為了保護好融文，我吩咐將所有公司在美國的資金轉移到美國境外、轉移出美國銀行體系。我們把超額現金匯到公司在荷蘭擁有的銀行帳戶。這不是基於恐慌而採取的行動，只是我不想冒著任何風險。幾天後，我們的荷蘭銀行也宣布擁有高額次貸曝險（subprime exposure），這次我們則將錢轉到了挪威。我那隱身在歐洲寒冷外緣的小小寂靜祖國，竟是那段動盪不安的時期，錢保管起來比較安全的其中一處。

次貸危機源自美國，那裡也正是最深受打擊的地方。2008 年 10 月 3 日，美國國會通過一件法案，獲得了 7,000 億美元的緊急流動性資金（emergency liquidity），以避免美國銀行破產。[9] 紓困對象全都是美國境內最大的幾間銀行，包括房利美（Fannie Mae）、房地美（Freddie Mac）、高盛、美國銀行、摩根大通集團、富國銀行、花旗集團、摩根士丹利、貝爾斯登（Bear Stearns）、美

國運通。網路調查新聞媒體 Propublica.org 開發了一個絕佳功能，叫作**紓困追蹤系統**（Bailout Tracker），可以追蹤每一塊錢的流向和每個紓困的對象。這次的紓困案總共拯救了 43 家銀行和保險公司。其中兩間著名公司——貝爾斯登和 AIG 美國國際集團——都在存亡危機的最後一刻才獲得金援。

貝爾斯登是具有 85 年歷史的投資銀行，知名事蹟是在 1930 年代的大蕭條時期，從未開除過任何一人，但次貸危機卻讓該公司大受打擊。到了 2007 年年末，貝爾斯登的槓桿率是 35.6 倍。2008 年 3 月 16 日，紐約聯邦儲備銀行（Federal Reserve Bank of New York）迫使貝爾斯登的執行長艾倫·施瓦茨（Alan Schwartz）屈服，將公司以每股 10 美元的價格出售給摩根大通，這樣的價格可是打了危機爆發前 52 週內最高股價的 0.75 折。[10]1 萬 4,000 名員工手上共握有三成左右的股份，在這次交易中賠了 200 億美元。不過銀行安然無恙，他們也保住了飯碗。

AIG 集團是全球最大的保險公司，由於投保了不只在美國也在全球各地進行交易的大部分次貸工具，因而深陷次貸風暴的泥沼。2008 年 9 月 16 日，難以想像的事發生了。這間擁有 88 年歷史的公司為全球各地的個人用戶和公司企業提供保護，因而備受信賴，如今卻要為了生存而戰，還需要保護才能讓自己不致破產。AIG

獲得納稅人 850 億美元的代價，就是美國政府將該公司 79% 股權收歸國有。[11] 對所有 AIG 的股東來說，損失慘重，但另一種下場會更慘。

2008 年金融危機過後，主要美國金融機構獲得的金援

名稱	機構	援助金額／美元
房利美	政府贊助企業	1161 億
房地美	政府贊助企業	713 億
AIG 集團	保險公司	678 億
美國銀行	銀行	450 億
花旗集團	銀行	450 億
摩根大通	銀行	250 億
富國銀行	銀行	250 億
通用汽車金融服務公司 GMAC，現為艾利金融公司（Ally Financial）	金融服務公司	162 億
高盛	銀行	100 億
摩根士丹利	銀行	100 億

◌ 雷曼兄弟公司的殞落

次貸風暴下最惡名昭彰的一間受害公司，就屬備受尊崇的雷曼兄弟（Lehman Brothers）了。雷曼兄弟公司在1850 年成立於阿拉巴馬州，創辦人是從德國移民到美國的雷曼三兄弟。這間銀行最初是以期貨投資起家，不過最終成長為美國第四大的投資銀行，只排在高盛、摩根士坦利、美林證券之後。

在 2007 會計年度當中，雷曼兄弟公布營收達 193 億美元，包含創紀錄的 42 億美元獲利。[12] 數個月後，在2008 年 9 月，這間擁有 158 年歷史的公司曾安然度過兩次世界大戰和過去無數次金融危機，例如 1800 年代的鐵路公司破產、1930 年代的經濟大蕭條、1998 年俄羅斯倒債風波、2000 年網際網路泡沫化，如今卻到此為止了。次貸危機擊垮雷曼兄弟時，公司員工共有 2 萬6,200 人。

雷曼兄弟的倒閉是急速加劇 2008 年危機的重大事件。2008 年 10 月期間，全球股市市值蒸發了 10 兆美元，這是當時單月下跌的最高紀錄。

在全球經濟崩盤最慘烈的 2008 年 11 月，《紐約》（New York）雜誌出版了一篇內容精彩的文章，作者史帝夫·費希曼（Steve Fishman）詳細探討了當時才剛倒閉的雷曼兄弟公司。[13] 他檢視了執行長迪克·富爾德

（Dick Fuld）所扮演的角色，全華爾街上下都知道這個男人是出了名會威嚇同僚和競爭對手。儘管造成雷曼兄弟垮台的原因極為複雜，費希曼發現，富爾德和其他資深高階主管都與外界疏離，正是導致了該銀行衰亡的其中一個因素。

同年的 6 月 9 日，貝爾斯登倒閉後已過了將近三個月，雷曼兄弟公布了第二季的損益表，顯示共有 28 億美元的損失。[14] 該公司認為，故意安排與損益表同時宣布的另一項公告會緩和情勢。它卻沒有發揮作用。儘管雷曼兄弟宣布已經獲得了 60 億美元的新投資，股價卻比前年同期下跌了 54%。

費希曼引述了一位未具名的雷曼兄弟高階主管，對方形容那次的錯誤舉動，是直接肇因於資深管理階層採取與世隔絕的作法所致。「問題在於很少有人和外界打交道。迪克［·富爾德］沒有和外界［任何人］談過，喬［葛雷葛利（Joe Gregory），雷曼總裁］也沒有，事業總經理也都沒有，」引述自這位高階主管所說的話。「所以，對發布消息後會得到怎樣糟糕的反應，沒有人有概念。」

「公司的內部環境變得過於與世隔絕，」另一位前高階主管表示。「富爾德批准了決定，不過葛雷葛利已經包裝過那些資料，因此要選哪一個就很明顯了。而執行董事會也沒有起到牽制的作用。」

　　導致次貸危機的核心錯誤觀念，具有引發毀滅性的力量。信賴有毒次貸工具的下場，猛力貫穿了全球的銀行產業，對幾乎每間大家都叫得出名字的銀行構成了存續威脅。假如世界各地的政府沒有伸出援手，會發生什麼事呢？假如銀行破產，賠上了數百萬人和公司的存款，又會發生什麼事呢？後果將會是大規模的災難：無法償債、破產、失業。整個情況的荒謬程度幾乎是難以揣測。

　　次貸風暴的根本原因，就是誤解了設計成要隔絕風險的複雜次貸工具不會失靈。像標準普爾（Standard and Poor's）這樣的信評機構給出 AAA 評等的保證時，沒有人特地花時間去細讀「附屬細則」（fine print）。

　　金融危機最不像話的地方是，當初其實有辦法能避免危機發生，只要大家願意花時間去詳讀可公開取得的資料就行了。而貝瑞是唯一一位這麼做的人。從次貸危機中可以學到的教訓多不勝數。最關鍵的一點就是，**藉由參閱客觀事實和外部資料，可以改正既有的偏誤和錯誤觀念**。

即時的 Oi 價值

chapter

6

2010 年 1 月 12 日，造成大規模破壞的地震，襲擊了加勒比海地區的海地共和國——一個資源極其匱乏的國家。

不到 30 分鐘，由全球各地志工指揮的虛擬戰情室，就開始將從像是社群媒體、電子郵件、簡訊等來源獲得的資訊，標示在地圖上。他們使用的是在肯亞奈洛比（Nairobi）打造的開放原始碼平台，叫作 Ushahidi，該平台設計成可在政治動盪時期與危機期間，蒐集群眾外包（crowdsource）的資訊。倒塌大樓和毀損的公共

建設讓海地國內的情況一團糟，不過等到資料都新增至
Ushahidi 平台後，就有辦法更清楚看出資源應該要投注
在哪裡。譬如說，初期應變人員收到報告，說有間孤兒
院沒有飲用水，不過卻沒辦法在混亂之中找到確切的地
點：Ushahidi 負責人員得以在地圖上找到孤兒院的經緯
度，轉告救援人員到達該處的最佳路徑。

上述成就之所以能達成，都多虧了一項重要因素：**即
時資料**。假如應變人員想試著用別種方法找到孤兒院，
比方說透過網路搜尋，他們只會找到靜態的歷史資訊。
例如 Google 地圖就不會顯示出地震導致某條道路無法
通行，或是某座橋已經倒塌了。反觀，Ushahidi 群眾外
包的地圖繪製和資訊，產生了動態的即時資料，不斷進
行更新，提供強大又實用的洞見。

擁有拯救過上千條人命功勞的 Ushahidi，在肯亞使
用的語言中，意思是「證人」或「證詞」。它是由奈洛
比軟體開發人員茱莉安娜・羅蒂奇（Juliana Rotich）所
打造，而羅蒂奇在 2007 年 12 月肯亞宣布大選結果的期
間，看著她所住的城市燃起熊熊大火。遭到強烈質疑的
選舉結果引發內亂，上千人流離失所，並造成數百人死
亡。然而，電視卻只播放肥皂劇和 1950 年代的電影，
這是因為該國政府斷絕了所有的資訊來源。羅蒂奇和她
的共同創辦人決定要創造一個軟體平台，可以在地圖上
標示出哪個地方正在發生什麼事，讓民眾可以避開危險

區域，並為援助組織提供指引，讓他們能制定應對計畫
和決定任務優先順序。這個平台很快就在世界其他地方
的危機地區獲得採用：起初是用在像是肯亞、馬拉威、
烏干達、尚比亞等非洲國家，不過，現在已經擴展到中
東地區、歐洲、北美洲的國家了。

地震儀有紀錄以來的第五大地震，發生在 2010 年 2
月的智利外海，影響了該國八成的人口。[1] 這次地震劇
烈到引發了要向 53 個國家發布警報的海嘯。大海嘯造
成智利南部與中部的沿海地區損傷慘重，甚至遠及加州
的聖地牙哥與日本的東北地區也深受其害。

儘管賽巴斯汀・阿雷格里亞（Sebastián Alegría）並
未受傷，這位來自智利首都聖地牙哥的高中生仍然經歷
了這場大災難，而這起天災在智利各地引發了混亂失序
和食物短缺。2011 年 3 月，日本遭受該國有史以來最
強烈的地震衝擊，地震則引發了超過 40 公尺高的海嘯。
賽巴斯汀看著電視新聞，得知日本擁有一套完善的地震
預警系統，設置地點遍布全國。智利沒有這樣的系統，
於是賽巴斯汀想知道，自己有沒有可能實行類似的系
統。他所碰到的阻礙巨大無比——他不是地震學家，也
不是科學技術人員，只是個沒有任何資源的普通學生。
連他自己國家的政府都無法達成的目標，他怎麼可能指
望自己能做得到呢？

賽巴斯汀的解決之道相當巧妙。他以 75 美元左右

的價格，買了國內地震偵測儀，將內部電路換成 Ar-duino ——小型的開放原始碼微控制器，非常類似樹梅派（Raspberry Pi）的微型電腦。這兩種信用卡大小的電腦都大受業餘愛好者歡迎，他們已經將產品運用在數千件居家改造當中了。Anduino 解讀從地震偵測儀的訊號後，再傳送至賽巴斯汀的伺服器，伺服器則連到推特。因此，當偵測儀收到訊號後，不是發出警報聲，而是用推特帳號 @AlarmaSismos（譯註：帳號名稱即是西班牙文的「地震警報」）發送推文，而追蹤該帳號的共有 44 萬 2,000 人。

根據震央的不同，有感地震出現前的 5 到 30 秒左右，帳號發送的訊息內容就如下方所示：

Alarma Sismos @AlarmaSismos 2012 年 4 月 27 日
大都會地區未來幾秒將可能出現有感地震。(聖地牙哥 - 14:59:22)[2]

這表示，不論智利國內的 44 萬 2,000 人使用的是什麼裝置，他們現在都能利用一個偵測儀系統，即時獲得將要發生的地震資訊。賽巴斯汀擁有原創的想法，而科技讓他能夠將想法化為現實，並讓數十萬人更安全。自從這套系統推出以來，「地震警報」已經準確偵測到了 55 起地震。

2011 年 8 月，公共安全也是大曼徹斯特警察局（Greater Manchester Police）的首要關心之事，當時他們運用即時社群媒體監測，控制並遏制暴動。在倫敦警察廳（Metropolitan Police）的一位警官射殺馬克‧達根（Mark Duggan）以後，數千名英國民眾上街抗議。徹底監測社群媒體管道，以找出打劫暴民的位置、得知遭到損壞的場所、妨礙暴動團體所策劃的行動，讓警方能夠互相配合，協調逮捕行動。這是英國警察首次採用這種方式利用即時社群媒體。

他們監測臉書、推特、Flickr、YouTube，找尋重要的線索和情報。同時，@gmpolice 的推特更新成了當局的發聲管道，也成為公眾人士注意的即時資訊來源，查看實際正在發生的事。街上出現動亂後的六小時內，大曼徹斯特警方就專門設置了「頭號要犯」的 Flickr 網頁，放上他們想逮捕的人的照片。

@gmpolice 在巔峰時期，擁有 10 萬 1,000 名推特追蹤者，臉書朋友從 1,000 名躍升到超過 7,000 名。影片的瀏覽人數超過 1 萬，警方的「頭號要犯」Flickr 網站點擊次數則達 100 萬以上。更重要的是，暴動平息了，上百名打劫暴民也被逮捕了。事件過後，大曼徹斯特警局的公關媒體主任亞曼達‧柯爾曼（Amanda Coleman）表示，警方在這次暴動期間，瞭解到外部資料的重要性。[3]「對傳播專業人士來說，8 月 9 日的事件真的

改變了一切，」她說。「多年以來，緊急應變計畫大部分都未經過更動，如今卻遭到廢除並重新改寫。」

大曼徹斯特警方、賽巴斯汀・阿雷格里亞、茱莉安娜・羅蒂奇皆以巧妙的方式利用科技，打造出解決方案，各個皆具備了為幾百萬人發揮其中價值的即時洞見。假如公司企業懂得駕馭即時的外部洞見，也會獲得類似的機會。

不論是更短的創新管道（pipeline），還是推出數位廣告活動的速度，身處一切發生得愈來愈快的世界當中，以月報和季報回顧過去的方式愈來愈沒有意義。與其等著競爭局勢的變化在幾週或幾個月後衝擊你公司的內部數字，你可以在這些事件影響公司內部的成果之前，察覺到市場中的轉移情形。確實善用了這種機會的一家公司，就是**必和必拓**（BHP Billiton）。

必和必拓是全球最大的礦業公司，總部位於澳洲墨爾本。該公司在澳洲和英國皆有上市，鐵礦、煉焦煤、銅礦、鈾礦的全球產量數一數二，也對傳統與非傳統的石油、天然氣、煤極有興趣。

足跡遍布全球的任一企業都必須確保，給予高層決策人員的資訊流要全面、富有見解，而且即時。同等重要的一點是，這份資訊必須以迅速且統合的方式，送到關鍵高階主管的手中，如此一來，每個人都會接收到同樣的完整資訊。

　　像必和必拓這樣的公司，由於其產業是全球波動市場的主要對象，也易受政府政策所影響，因此擁有簡潔、即時、具有洞察力的情報在策略上有其必要性。同樣地，就礦業的本質來看，比方像新聞方面的外部洞見，來源很有可能是全球發行的財務刊物，也很有可能是來自位於鄉村地區小城鎮的免費當地報紙，而這些地區就是必和必拓設立了據點也雇用了員工的地方。

　　為此，全球各地的必和必拓經理都會從融文收到每日報告，內容包含了與他們事業線最相關的資訊，讓他們能同步掌握自家組織和競爭對手的發展，以及能源政策的改變與產業消息。我們為了提供消息，監測並分析多種不同來源的數位麵包屑。重要的資訊可能包括了針對政府法規的輿論、競爭對手的動向和投資，以及關鍵的財務和礦業相關消息。

　　外部洞見提供了像這樣涵蓋全球且統整過的即時消息來源，讓該公司能採取更迅速有效的行動，尤其是在應對危機時。這種反應能力在 2015 年 11 月 5 日成為關鍵，當時，巴西薩瑪爾戈（Samarco）礦場的一座水壩潰堤，而這座礦場是由必和必拓和其各持股 50% 的巴西合資夥伴「淡水河谷公司」（Vale）共同營運。這起悲劇發生在米納斯吉拉斯（Minas Gerais）州東南方的礦藏豐富地區，造成 750 人無家可歸，並至少 15 人死亡，因此成了巴西史上死傷最慘重的一次礦場災難。[4]

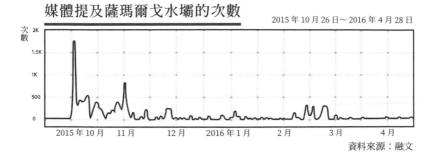

媒體提及薩瑪爾戈水壩的次數

2015 年 10 月 26 日～2016 年 4 月 28 日

資料來源：融文

此圖表清楚呈現了媒體提及薩瑪爾戈水壩的次數，如何從 2015 年 10 月的 0 次，瞬間躍升至 2015 年 11 月 5 日的 2,000 次高峰。

資料來源：融文

此文字雲呈現了與三個關鍵字有關的 2015 年新聞文章：水壩＋薩瑪爾戈＋巴西。在這些故事中，必和必拓都占了相當大的篇幅。

　　這次危機期間，隨著悲劇的事態發展，必和必拓透過融文監測、分析、更新，並通知高層管理團隊。這項舉動讓他們能在輿論嘩然之中，以迅速且適當的方式回應此次危機。舉例來說，英國《衛報》（The Guardian）比較並對比了必和必拓與淡水河谷對這起事件的回應，在 2015 年 11 月 10 日的報導中寫道：

　　<u>必和必拓的公開回應極為迅速，然而，2013 年身負巴西總出口逾一成的淡水河谷，至今卻仍顯得事不關己。</u>

　　必和必拓執行長安德魯‧麥肯齊（Andrew Mackenzie）在不幸發生後的數小時內，召開了記者會，公司也宣布他將到巴西視察損傷情形。該公司也在官網最上方的顯眼位置，幾乎是每日以英文與葡萄牙文更新這起悲劇的相關消息。

　　相形之下，淡水河谷在水壩倒塌後過了約 24 小時，才發出五句話的聲明，並把問題歸因於薩瑪爾戈。淡水河谷執行長穆里洛‧費雷拉（Murilo Ferreira）在星期六沒有事先通知，就突然前往馬里亞納拜訪，該公司直到兩天後才透露這項消息。[5]

◌ 美粒果利用即時洞見解決事業問題

可口可樂公司的美粒果（Minute Maid）也懂得利用即時的力量，解決事業問題。在一篇 2013 年的彭博社網路文章中，可口可樂的幾位高階主管描述了，即時的外部資料如何協助飲料公司的工程師，並生產出標準一致的「大自然」（Mother Nature）系列飲品。[6]

在價值 46 億美元的美國市場內，該品牌針對低溫殺菌的果汁以及未使用濃縮果汁的真正果汁產品，與對手競爭。這些果汁的生產過程相當複雜——遠比瓶裝清涼飲料更複雜——不過消費者都很樂意多付最高 25% 的額外價錢。當作物可能是來自佛羅里達、加州、巴西或以色列時，要讓柳橙汁維持一致的品質、味道、口感，挑戰可不小。除此之外，再加上水果、照料、運輸、供水、病害的變動標準，你就能開始理解美粒果所要應付的問題有多麼複雜了。舉例來說，由於所謂的「維綠病」（greening disease，又稱黃龍病），2014 至 15 年期間的美國柳橙產量少了 35 萬噸，只剩 580 萬噸；病毒是由柑橘木蝨（Asian citrus psyllid）所傳播，這種蚜蟲估計已經大量寄生在佛羅里達七成的柳橙樹上了。

美粒果最大的一個客戶——一家速食公司——宣布，公司將要把事業重心轉移到一種柳橙汁，只含一丁點水果成分，因此最主要的特色（或缺乏特色）就是具有可

預測性且穩定，這時的情勢已經再明顯也不過了。

美粒果於是著手研究資料，分析了構成柳橙滋味的600 種味道——酸味、甜味以及其他味道特性。公司開發出一套納入大量變數的複雜模型，確保產品會保持一致、具有可預測性且值得信賴，這些變數包括了從細節清晰的衛星影像中，推測的預期作物產量、天氣、成本壓力、地區偏好。

美粒果拿著這份資料，和總部位於亞特蘭大的預測與最佳化公司攜手合作，與這家叫作營收分析（Revenue Analytics）的公司打造生產模型，讓生產柳橙汁的過程標準化。如今，美粒果公司擁有精確的配方，知道要如何將所有柳橙汁調製成一致的味道和口感（果泥在生產柳橙汁中是一項重要因素），同時也考慮到地區偏好的口味。例如，阿根廷的民眾和來自麻州的人各有不同的偏好。更重要的是，這種方法是動態的，會根據外部資料的不同輸入而有所調整：假如出現颶風或是意料之外的嚴寒天氣，又假如出現勞工問題或是其他類型的問題，造成供應鏈中斷，整個生產過程都能重新調整，在五到十分鐘內以最有效的方式繼續生產。

這不是什麼祕密配方，而是該公司稱之為「黑書」（The Black Book）的演算法。這個演算法決定了生產過程的每個環節，從柳橙採收的最佳時機——根據衛星資料來決定——到最終抵達全球各地冰箱與超市的飲料

確切味道。產品的各個面向都經過控管,代表了柳橙汁
不再受自然的變化莫測所影響,反而是由演算法、一絲
不苟的生產過程、嚴謹的即時分析所決定。

◌ 沃爾瑪運用即時資料預測顧客行為

　　外部洞見在各個產業都具有很大的影響力,但影響最
多的莫過於零售業了。今日,該產業是競爭激烈無比的
市場,網路巨擎也為了少許財務利潤,搶攻市占率——
目標是要將顧客帶進市場,培養顧客對品牌的忠誠。多
數大賣場現在都推出消費者應用程式,提供直接比價
(price comparison):如果我去逛任何一個英國小城鎮
的嬰兒用品店 Kiddicare,就可以在智慧型手機上查看
該品牌的應用程式,得到與亞馬遜網站上價格的即時比
價。無論這家總部位在西雅圖的網路零售商當下提供的
是哪種價格,Kiddicare 都會與此比較。

　　沃爾瑪是全世界最大的零售商,2015 會計年度的營
收據報有 4,850 億美元,雇用人數達 220 萬人。[7] 沃爾
瑪每小時經手的顧客交易逾 100 萬筆,為資料庫提供的
資料估計有 2.5 千兆位元(petabyte),是美國國會圖書
館中資料量的 167 倍。[8]

　　這家零售商最近請惠普公司建置資料倉儲(data
warehouse),其可儲存 4 千兆位元的資料,代表著在

全球 6,000 家門市銷售點終端機（每天約有 2.67 億筆交易）所記錄的每筆購買資料。在這份資料上運用機器學習，他們可以從中找到模式，看出價格策略與廣告活動是否有效，並改善管理庫存與供應鏈的方式。

不過，沃爾瑪並不只是單純分析即時內部資料而已，它同時也研究了即時外部資訊。舉例來說，為了在 Google AdWords 上獲得最佳出價，該公司每天分析了將近 1 億個關鍵字。如此一來，沃爾瑪就能評估大批產品的變動需求，以此規劃價格策略，並決定哪些產品要囤貨。

透過這些各種不同的資料來源去瞭解顧客，可以產生實用的洞見。大資料集以分散的方式處理，有時會產生片面的結論。當颶風正朝某處襲捲而去時，一般都會認為某些產品——手電筒、蠟燭、瓶裝水——在當地會大賣。不過，沃爾瑪將天氣資料和公司內部資料結合以後，發現了更出人意料的結果。比方說，啤酒的銷售量大幅增加。這點或許也不會讓人感到那麼意外。不過，銷售量提高最多的產品是一種包裝食物，便宜、不易腐壞、易於保存：草莓醬夾心餅乾（strawberry Pop-Tarts）。沃爾瑪發現，在受颶風侵襲的地區，這種預烤酥皮餡餅的銷量增加了七倍，表示現在只要沃爾瑪的即時分析發現有颶風警報發布，門市經理就得把夾心餅乾放在櫃臺附近的貨架上。

2011 年，沃爾瑪採取更進一步的行動，花了 3 億美元，買下總部位於加州山景城（Mountain View）的資料分析公司 Kosmix。[9] 這家新創公司現在名叫沃爾瑪實驗室（WalmartLab），專門從社群媒體中依主題即時蒐集資訊。有了分析社群媒體的能力，沃爾瑪現在可以即時預料消費者需求的多寡，以更好的方式管理範圍廣泛的門市庫存。

身為大型零售商的沃爾瑪擁有 3,270 萬名臉書粉絲，每週會被媒體提及將近 30 萬次，分析來自這些社群媒體的即時資料流，可取得具有高度個人化的消費者洞見。假如說，交易的歷史（內部）資料會呈現顧客過去曾經買過的東西，那社群網絡的資料就很有可能會顯示他們未來可能會買的東西。2011 年，實驗室團隊根據臉書和推特上的社群媒體對話內容，正確預料到顧客對棒棒糖蛋糕機（cake pop maker）的興趣將會提高。數個月後，團隊也注意到民眾對電動榨汁機的興趣日益濃厚，有一部分是因為流行的瘋果汁紀錄片《瀕死病胖子的減肥之旅》（Fat, Sick and Nearly Dead）。

董事會一般是每季召開一次，不過消費零售市場在三個月內可能就會出現劇烈改變。沃爾瑪的例子顯示出，精細的分析可用來即時瞭解消費者的需求。沃爾瑪運用外部以及內部資料的精細分析，得以提升業績、訂定最佳價格、針對庫存安排做出更好的決定。

即時外部資料為航空業創造價值

2012 年 11 月，Kaggle、阿拉斯加航空（Alaska Airlines）、奇異公司（General Electric，又稱為通用電氣）展開了被形容為「飛行任務競賽」（Flight Quest Challenge）的第一階段，總獎金共 25 萬美元。

Kaggle 是全球最大的資料科學家社群平台。為了解決複雜的資料科學問題，該平台會籌劃競賽。其中一個計畫試圖要解決現代旅客的苦難，這個現象也造成了生產力出現數十億美元的損失，更別說牽涉其中的人承受著巨大壓力，其所指的就是航班誤點。

競賽的目的是要利用外部資料，讓飛航整體更有效率，並讓駕駛員能夠更加精確預估航班可能的降落時間。每個參賽隊伍都由主辦提供兩個月份的飛航資料——內容像是抵達時間、出發時間、天氣、航班所在的經緯度。

比賽要求參賽隊伍設計出一套演算法，能提供駕駛員飛行「剖面圖」（flight profile）的即時資料；剖面圖是指始於起飛前、終於降落後的圖示。典型商務班機的飛行剖面圖包含了七個階段：飛行前、起飛、出發、途中、下降、進場、降落。由於有像是風速、飛機大小與動力等的因素，因此每個階段都獨一無二。

對航空業來說，飛行剖面圖至關重要。舉例來說，只

有在取得「飛行許可」後，也就是代表飛航計畫或「起降帶」已經過批准，飛機才獲准駛離登機門。此計畫是由塔台建立，並把像是其他飛機和天氣的變數納入考量。

然而，有多種因素會造成航班延誤。例如，強勁的逆風會讓飛機減速。於是，駕駛員就得向航管員尋求燃燒更多燃料的許可，才能準時讓飛機降落；這樣的舉動會影響航班的成本指數（cost index），也有一連串的程序需要獲准許可才行。不論對乘客還是航空公司本身來說，讓這些程序自動化都會有莫大好處。舉例來說，在2014 年，英國的度假遊客總共浪費了超過 28 萬 5,000個小時──或 32 年又 8 個月──全都是因為航班誤點的關係。[10]

飛行任務競賽希望能找到一種演算法，可以讓在空中發生的事──就如剖面圖所示意的──以更有效率的方式進行，才能讓航班的抵達時間更準確。

2013 年 3 月，主辦宣布獲勝隊伍是 Gxav &*。這支團隊中的五位成員沒有一位曾在航空業界工作過。他們利用來自奇異公司的資料，使用趨勢預測與個體預測模型軟體，估計抵達登機門和跑道的時間，而與標準產業的基準估計值相比，他們估計的結果改善了 40% 到45%。關鍵就在於，要確保做出最佳決策時不能遲疑，如此便能幫航空公司減少登機門前的大排長龍現象，並

更有效率地管理機組人員。採用這種作法，估計可以為旅客減少登機門前等待的五分鐘，轉換成每年人員成本則是省下 120 萬美元，並可為中型航空公司省下 500 萬美元的燃料。[11]

在本章所探討的實例當中，每個關注的重點與帶來的好處都大相逕庭。

Ushahidi 和賽巴斯汀・阿雷格里亞的地震偵測儀，皆用來拯救生命。美粒果將生產口味一致柳橙汁的過程標準化。沃爾瑪預測了顧客需求；航空業則找到方法，減少航班誤點的情形，得以省下數十億美元。這些例子的共通之處是很重要的一點，也就是全部都**從即時分析的價值中獲得了成果**。隨著公司企業愈來愈欣然接受外部洞見的重要性，以及必須懂得掌控競爭局勢的持續變化，即時分析將會成為每位高階主管工具箱內的一項基本配備。

基準化比較
的威力 Oi

2006年春天，我們在美國山景城設立了融
文的辦公室，我們最初的其中一位客
戶來自網路影音產業，是一家沒沒無聞的當地新創公
司，員工約 20 名上下。我們並不是真的懂他們的工作
內容，也當然不瞭解他們的商業模式。不過，引起我們
好奇的是這家網路影音公司利用我們服務的方式。這家
公司的名稱就是 YouTube。

該公司請我們計算他們在網路媒體中的廣告聲量占
有率，要的還是即時的數據，才能以自家品牌和競爭

對手進行基準化比較。2006 年當時，只有為數不多的公司加入影音產業的競爭行列，沒有人猜得到誰會脫穎而出。起初，每位競爭者被媒體提及的次數都相差無幾——Vimeo、Dailymotion、StupidVideos、Break、Google Video、MSN——但接著，情況就開始改變了。

2006 年的初夏期間，YouTube 開始拉開和競爭對手的差距。其氣勢大增；YouTube 引發了更多的媒體報導，因此強化了自家品牌，結果吸引了更多消費者。這是 YouTube 將會成為業界頂尖的早期指標。2006 年 10 月 9 日，公司以 16 億美元賣給了 Google。[1] 如今，這家網路影音分享公司成了眾人要找影片時第一個搜尋的儲存庫，從彈琴的貓與超有戲松鼠，到馬丁·路德·金恩（Martin Luther King）的「我有一個夢」（I Have a Dream）演講，什麼都找得到。

在這個獨特的產業裡，**規模就是一切，而且贏者全拿**。YouTube 藉由追蹤廣告聲量占有率，採用了聰明的基準化方式，比較了自己和競爭對手。要從競爭對手身上取得使用者成長和其他集客力指標，對 YouTube 來說很困難，而向外部尋找資訊，計算網路新聞的廣告聲量占有率，YouTube 便能得到第三方的客觀測量數據，看出自己在與同儕的競爭中勝出了多少。

基準化比較是衡量成功與否的最公正方法。光只是你單獨看起來很成功都無關緊要。比較重要的是，要瞭解

自己和競爭對手比起來表現有多好。假設說，你想提高顧客滿意度 10%。你規定了新的服務程序、訓練員工，經過一年的努力後，得到了進步 15% 的數據。這個結果很棒，不是嗎？但稍微等一下。你要如何知道自己的市場地位是不是真的改善了？那你的競爭對手呢？他們是不是也努力提高了顧客滿意度？如果他們改善的幅度比你的還要大，那你其實比一年前還要更糟。如果他們維持不變，那你確實改善了自己的情況。少了與競爭對手進行基準化比較，就無法看到事情真正的全貌。

基準化分析法

基準化分析法（benchmarking methodology）是由羅伯特・C・坎普（Robert C. Camp）所建立，他擔任過杜邦公司（DuPont）、美孚石油（Mobil Oil）的高階主管，最近則曾任職於全錄公司（Xerox），負責產品、服務、商務流程的最佳實務（best practice）。坎普將基準化比較定義為「尋求產業中能達到卓越績效的最佳實務」。[2]

1980 年代早期，坎普還待在全錄時，推出高品質產品的日本競爭對手迅速搶奪了市占率，他們每賣出一項產品，就代表全錄的產品白花了生產成本。坎普發起了一項計畫，稱為「產品品質與功能比較」，計畫內容是

要購買競爭對手的產品，再拆開來解析。全錄發現，這位日本對手之所以能成功，關鍵在於極有效率的製程，因此讓全錄的團隊不得不將調查的重點轉移到競爭對手的組織層面。

楊－派翠克‧凱普（Jan-Patrick Cap）來自「柏林弗勞恩霍夫協會生產系統與設計技術研究機構」（Fraunhofer Institute for Production Systems and Design Technology）的「全球基準網絡」（Global Benchmarking Network，GBN），根據他所說的，基準化比較──包含公司之間的基本比較──**「能讓競爭局勢的客觀監測結果找出最佳實務，使公司企業的顯著競爭優勢能不斷維持下去」**。

採行基準化比較的作法並不是新出現的現象：凱普舉出亨利‧福特的例子，後者觀看屠宰場內的處理流程後，在自家的汽車廠引進了裝配線。近來也出現了一個產業向另一個產業學習的大量實例：比方說，醫界引入了精實原則（參考自克里斯汀生〔Clayton M. Christensen〕的著作《創新者的處方》（The Innovator's Dilemma）），減少手術時的疏失；麥拉倫（McLaren）一級方程式賽車團隊成立了麥拉倫應用科技公司（McLaren Applied Technologies），利用從動力運動得到的研究發現，應用在公司的其他產業上──比如說，他們和大藥廠葛蘭素史克（GlaxoSmithKline）合作，使

其位在美登赫（Maidenhead）附近的牙膏工廠能達到最佳化績效。

　　凱普主張，基準化比較的方法要能成功，資料必須要統整成一目瞭然的方式，如此一來，才能找出根本原因，並據此採取行動。現代的基準化軟體儀表板能讓公司企業用先前無法達成的方式，評估這些資訊——第 13 章我們探討到新軟體類型別的出現時，會再多談談這個部分。不過，任何能讓組織從客觀角度檢視自身、市場、競爭對手的工具，顯然都得成為策略思考的核心才行。根據貝恩管理顧問公司（Bain & Company），過去 15 年來，基準化分析法始終都被列為一項絕佳的管理工具。

　　「如果有企業組織沒有採用基準化比較，就是蒙蔽了雙眼在前行，也忽視了數量驚人的有用資訊，」凱普說。「如果你沒有用基準化分析，就等於是在單一資料點沒有價值的世界中，研究著單一資料點。這個資料點要有價值，只有當你拿它和其他資料點相互比較，並建立起兩者之間的關係。我不認為少了基準化分析的企業組織可以生存下去。」

◌ 預測品牌的未來競爭力

　　一篇 2015 年的論文分析，網路評論如何能用來預測

品牌的未來競爭力。[3] 其所蒐集的資料來自 77 個消費者
電子與科技的品牌，像是蘋果、索尼、摩托羅拉（Mo-
torola），時間介於 2009 年 11 月到 2011 年 2 月之間。
論文的多位作者每個月都透過媒體監測服務公司尼爾森
（Nielsen）監測著 7,376 個互異來源，不論是交流論壇
和部落格，還是社群媒體和媒體平台都包含在內。監測
社群媒體上的品牌，其中一個挑戰就是其產生出來的龐
大內容量。論文的作者注意到了這點，指出蘋果的產品
在 2013 年的社群媒體中被提及 6 億 100 萬次。「不幸
的是，可取得的資料通常雜亂不堪，因此很難輕輕鬆鬆
就從中萃取出有意義的行銷洞見，」他們表示。

　　令他們驚訝的是，他們發現，社群媒體情感（senti-
ment）和品牌未來競爭力並沒有太大的關聯。只有當某
個品牌和競爭對手放在一起分析後，才能找到網路情感
和品牌未來競爭力之間的強烈關聯。

　　該研究得到的結論是，品牌無法以與世隔絕的方式存
在：消費者對於產品所展現的情感不能單獨成立，對於
其他品牌的意見也得納入考量，因為品牌的競爭力是在
比較之下建構而成。消費者可能喜歡道奇（Dodge）的
卡車，勝過通用汽車（GM）的卡車，但不論哪家的汽
車都永遠不會買，因為這個消費者長年以來就只買豐田
的產品。

　　我們身為消費者，經常是根據自己的偏好比較產品，

再下決定——我們比較喜歡某個洗碗精品牌，是因為效果維持得比較久，或是比較環保，或是比另一個品牌更便宜。也許它不是我們理想中的產品，但我們是藉由比較和對比現有的選項，做出抉擇——而這就是基準化比較。

呈現不同的競爭局勢

基準化比較的強大之處就在於透明化。分析的結果真實無比。你會看到自己的事業在全世界中所處的地位，也會看到真相，甚至連缺點也會看到。你無處可躲。

舉例來說，市調機構 J.D.Power 的年度調查，已經成為汽車產業公司拿自己和競爭對手比較的一種手段了，其中「新車品質調查」（Initial Quality Study，IQS）分析車主入手新車後 90 天內所碰上的問題，「汽車可靠度研究報告」（Vehicle Dependability Study，VDS）則分析入手 3 年期間所遇到的問題。同樣地，美國運輸部（Department of Transport）的準時抵達和行李遺失，是航空業可以拿來與同行進行基準化比較的另一種外部評估手段。

許多公司採用了「單項優勢」（best of breed）基準化比較：比如說，拿自己和某個產業中最好的分配系統比較，然後又和另一個產業的創新管道進行基準化比

較，以便決定自家績效的標準。《哈佛商業評論》上有件個案研究，談的是商貿銀行（Commerce Bank）的故事，這家總部位於紐澤西的零售銀行，在 1996 年底擁有 8 億美元的市值，十年後賣給多倫多道明銀行時的售價是 85 億美元。4 該銀行的領導階層團隊不肯把自己和像是花旗集團的其他銀行擺在一起，進行基準化分析，反而和零售商比較，包括星巴克、標靶百貨（Target）、百思買（Best Buy），結果帶來了像是週六及週日開門的創新之舉。

相較之下，內部資料較難詮釋。當部門主管和產品經理使用不同的報告架構和不同的衡量標準，要證明自己才是擁有公司裡最棒的部門時，很難拿兩者作類比。基準化分析的資料呈現出赤裸真相，正是為什麼它能夠對著董事會會議室裡的高階主管毫不諱言地大聲疾呼。

美國郵政的基準化比較

美國郵政署（US Postal Service，USPS）是獨立的政府機構，罕見的一點就在於其是由憲法所授權。該署擁有全美最大的零售網絡——比美國境內的麥當勞、星巴克、沃爾瑪合起來的還要大。2014 年，美國郵政署經手了 1,554 億份郵件，相當於全球四成的信件量。5 它也是全美最大的雇主之一，擁有在 3 萬 1,622 個零售據

點工作的 48 萬 6,822 名全職人員，在 2015 會計年度創造了 689 億美元的營收。該機構在同一年虧損了 51 億美元，比 2014 年的 55 億美元赤字要少，然而由於電子通訊的崛起，使用其核心服務的人數日益下滑，讓郵政署面臨了挑戰。這間公司要競爭的對象，是兩家美國的大型全球快遞公司，也就是優比速（UPS）和聯邦快遞（FedEx），以及德國公司 DHL。美國郵政署網絡的效用與規模之大，讓優比速和聯邦快遞兩家公司都付錢給美國國內的郵政服務，幫忙將自家超過 4.7 億份的陸運包裹寄送到府。[6]

根據 Stamps.com 的研究，美國郵政署在遞送時間與成本上都勝過優比速和聯邦快遞，平均遞送時間是 1.79 天，相較之下，優比速是 2.75 天，聯邦快遞是 2.21 天，而運送 21 磅（約 10 公斤）包裹的平均成本是 7.34 美元，對上優比速的 10.45 美元和聯邦快遞的 10.4 美元。以基準化方式比較遞送用時和價格，顯示出在為顧客提供競爭激烈的快遞服務方面，郵政署表現得還算不錯。

美國郵政署決定將在觀感和廣告聲量占有率方面的自身表現，與競爭對手的表現進行基準化比較。郵政署身為公營機構，又是全美最大的一個雇主，維持正面形象相當重要。它也正面臨商業上的巨大挑戰——除了由於數位通訊崛起導致的實體郵件減少現象，還有花大錢打廣告的資源充足競爭對手。

營運規模如此龐大，要監測內部混亂又不統一組織的媒體報導，會是項重大任務。此外，美國郵政署將自身廣告聲量占有率和正反面情感和競爭對手進行基準化比較後，可以清楚理解員工的行為會如何影響整個組織。

美國郵政署和融文合作，追蹤媒體中提及自家機構的次數，和競爭對手比較報導內容，瞭解自己的品牌在市場中的觀感為何。分析結果顯示，在 2015 年，郵政

根據 PV 的廣告聲量占有率

	36%	UPS
	26%	FedEx
	25%	DHL
	13%	USPS

根據 PV 的廣告聲量占有率

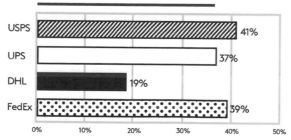

資料來源：融文

美國郵政署與競爭對手進行基準化比較的分析結果。
PV ＝潛在收視觀眾（potential viewership），這個數據是用來表示，有提到該公司的故事吸引了多少人的目光。

2014 年消費者情感

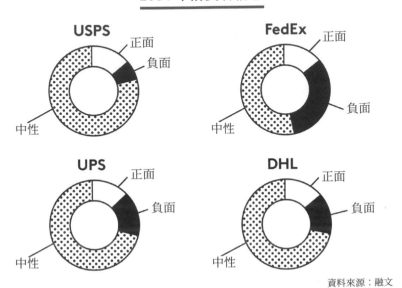

資料來源：融文

署在美國的廣告聲量占有率達 13%。有趣的是，儘管美國郵政署被報導的次數比競爭對手要來得少，在媒體表現突出方面——這個衡量標準是計算潛在收視觀眾（potential viewership, PV），以及媒體提到研究對象時，內容有多突出研究對象——綜合下來卻排名第一。這顯示出，雖然美國郵政署被報導的次數最少，卻得到了最高品質的報導。

關於美國郵政署品牌故事的另一個有趣層面，是它在媒體中的情感表現上，遠比其他競爭對手要來得更正面。把 2014 年四家公司的網路媒體報導放在一起比較，

非常明顯就能看出這點。從總提及次數的百分比來看，每家公司都有 12 ～ 13% 的正面評價。至於在負面評價方面，美國郵政署的負面報導次數約是聯邦快遞的四分之一，優比速和 DHL 的一半左右。對所有公司而言，負面情感大多源自對遞送的速度和品質有所不滿，顯示出美國郵政署在競爭空間中仍能保有一席之地。

公司企業通常對自家的表現有一套說法——有時是真的，有時卻不是。第三方提供以同類型資料比較的基準化分析，是能以客觀又真實無比的方式衡量公司的績效。對美國郵政署而言，自家品牌和顧客滿意度非常重要，因為多數客戶不太在乎是哪家公司寄送他們的包裹，只要是以更便宜的價錢與更快的速度送達就行了。美國郵政署的分析顯示，就可見度來看，其私人企業的對手比較善於宣傳自家品牌，但談到優質的媒體報導和客戶滿意度，美國郵政署可是經得起對手的考驗。

基準化比較：取得觀點

1400 年代早期，菲利波・布魯內涅斯基（Filippo Brunelleschi）這位沒有受過正規建築訓練的脾氣暴躁金匠，重新發現了線性透視（linear perspective）。線性透視讓藝術家能夠利用單一的消失點（vanishing point），在二維的畫布上，創造三維空間的假象。

　　布魯內涅斯基的線性透視具有超常的真實性，迅速傳遍了整個義大利，接著散播至西歐。就如布魯內涅斯基透過他的線性透視，在二維平面中注入深度與生命，將其轉換成三維世界，**基準化比較的分析觀點也能在關於公司優缺點的方面上，提供更豐富且更實際的世界觀。**利用外部資料，將企業與競爭對手進行基準化比較，可以提供真實且實際的觀點，瞭解公司在競爭局勢中所處的地位。

3部

外部洞見
實戰篇

Outside
Insight

我認為，人工智慧將證明其對企業決策非常有用，也能幫董事會理解一個步調日益快速的複雜世界，同時，協助董事會做出以嚴謹資料為根據的明智決定，讓股東、員工、客戶、其他利害關係人從中受益。

董事會成員與高階主管適用的外部洞見

2015 年 10 月 22 日星期四，全球最大的建設與礦場設備製造商開拓重工公司（Caterpillar Inc.）董事長兼執行長的奧伯赫曼（Doug Oberhelman），向華爾街公布了令人失望的第三季損益表。在他的報告中，調整後每股收益為 75 美分，營收 109.6 億美元，皆未達到分析師預期的 78 美分和 112.5 億美元。[1] 他坦承，公司正經歷「低潮」，必須調整該年的收益展望，並大幅增加他原先估計的 2015 年重整成本。「我們總有一天會翻身，只是不是現在，」他上

消費者新聞與商業頻道（Consumer News and Business Channel，CNBC）的《財經論談》（Squawk Box）節目受訪時如此說道。

　　對開拓重工收益報告並不感到驚訝的一個人，就是 Prevedere 公司的創辦人兼執行長理查・華格納（Richard Wagner），這是一家專門進行預測分析的新創公司。「我們在 2015 年上旬對開拓重工做了點分析，可以看出 2015 年第三季對他們來說會是疲軟的一季，」華格納在我們的其中一次會面如此解釋。華格納和他的團隊分析了先前的財務成果，發現開拓重工的營收與外部總體經濟因素（macroeconomic factor）呈現高度相關，這些因素包括了能源價格、採礦活動、中國需求等等。他們將這點納入考量，建構了一個預測模型，預測出開拓重工在 2015 年第二和第三季都會出現營收比去年同期

Prevedere 經濟風險報告 © ：開拓重工季度前年同期營收比較

	Q1 2014	Q2 2014	Q3 2014	Q4 2014	Q1 2015	Q2 2015	Q3 2015
領先指標 能源價格指數	⬇	⬆	⬆	⬇	⬇	⬇	⬇
燃煤運輸	⬇	⬆	⬆	⬇	⬇	⬇	⬆
油價	⬇	⬆	⬆	⬇	⬇	⬇	⬇
中國資本支出	⬆	⬆	⬆	⬆	⬆	⬇	⬇
公司—前年	13.21 billion	14.62 billion	13.42 billion	14.4 billion	13.24 billion	14.15 billion	13.54 billion
經濟風險	(596,668,060) ⬇	(56,318,383) ⬇	457,830,511 ⬇	(212,215,224) ⬇	(390,422,770) ⬇	(1,152,917,590) ⬇	(3,350,219,372) ⬇

單元皆為美元 | 資料來源：Prevedere，2015 年

Prevedere 的分析顯示，開拓重工的營收未來會面臨巨大壓力，時間將自 2014 年第四季起，並在 2015 年第三季期間持續攀升。所有因素的淨效應（net effect）都呈現在標示為「經濟風險」的那一列。

下滑的情形，原因是來自總體經濟因素的不利發展。

　　研究 Prevedere 的模型後，就能看出來自總體經濟氣候的負面壓力自 2014 年第四季就已經開始了，也隨著時間持續攀升。Prevedere 的模型將 2015 年第三季的負面壓力量化為大約 30 億美元，讓開拓重工的表現低於華爾街的預期。

　　不幸的是，開拓重工並未受益於華格納的分析，因為他當時沒讓任何人知道這件事。那時候，華格納的新創公司還處於草創初期，而他們利用開拓重工的發展情況，來確認自家的模型有效。不過，自那之後，華格納和數間名列「《財星》雜誌全球 1,000 大」企業合作，證明了他的預測模型確實有用，這些企業包括了全美互助保險公司（Nationwide Insurance）、BMW 金融服務公司（BMW Financial Services）、賀喜公司（Hershey）、漢米爾頓資本管理（Hamilton Capital Management）、溫娣漢堡、美森耐公司（Masonite）、百勝餐飲集團（Yum! Brands）。華格納的新創公司協助這些企業，將外部因素納入他們的財務預測模型與聲明內，成功降低了平均達五成的預測誤差。

　　華格納指出，安侯公司（KPMG）的一份研究顯示，六成的公司並未將影響企業績效的外部驅力納入財務預測模型當中。[2] 同一份報告也發現，美國上市公司每季預測的不準確程度達 13%，代表每年損失的營收將近有

2,000 億美元。華格納認為，這是因為多數公司全都只仰賴內部績效的資料。他們忽略了所有會影響公司事業的外部因素。未知的外部因素——不論是亞洲市場的波動率和幣值波動，還是能源成本、消費者信心、天氣模式的變化——都讓企業預測未來表現的工作變得棘手。「他們基本上就是在一無所知的情況下胡亂猜測，」華格納說，他還表示：「**除非他們開始積極將外部資料納入預測模型當中，不然就會繼續錯估金額。**」

華格納不是唯一抱持著這種看法的人。道格・蘭尼（Doug Laney）是顧能咨詢公司的副研究長和卓越分析師，他被認為是定義「**大數據**」一詞的其中一人，他說：「**我向來經常建議組織機構，他們不能再死盯著公司本身的資料，而要意識到公司外頭有外部資料，可以在預測、建議、甚至是營運方面，為他們提供大量好處。**」

2015 年，蘭尼進行了一項研究，檢視多家公司的財務指標，而這些公司都被認為是用以資訊為主的方式在處理外部資料。他們可能有位資料長、健全的資料科學計畫，或採取了任何其他行動，都會讓人覺得那家公司是認真在蒐集、管理、部署、評估外來的資訊，把這些資訊當成是與傳統資產負債表這種內部資料同等重要的資產。「每間公司都把資訊當成是資產在談，不過真的有這麼做的公司卻不多，」蘭尼表示。「我們尋找了具

有這類指標的公司，再檢視他們的財務狀況。」這項研究接著採用了**托賓 Q 值**（Tobin's Q），這是經濟學家詹姆斯・托賓（James Tobin）在 1969 年所提出的衡量指標，是「市場價值與有形資產重置價值」（replacement value）的簡單比率。蘭尼發現，那些針對外部資料採用健全且一致策略的公司，和不具備這種策略的公司，兩者之間有很大的差異。確實接納了外部資料的組織，比起在資料上花了較少研究和財務經費的公司，市場價值指標（market value indicator）高了 200% 到 300%。

⬚ 實際運用外部洞見

開拓重工的例子說明了，外部經濟因素對公司的未來表現，可能會帶來很大的影響。因此，看到安侯公司的研究顯示出，大多數的企業在做出預測的過程中都不研究外部資料，而是完全仰賴內部的商業驅力，著實令人驚訝。蘭尼的研究也顯示，比起不接納外部資料的公司，那些欣然接受外部資料的公司能建立更高的評價。

在我看來，最先要接納外部洞見的企業階層，就是董事會成員和高階主管了。在這個階層所做出的決定，是整個公司最重要的決策，將會決定未來是成功還是失敗。為了要做出如此關鍵的決定，全盤掌握不斷變化的競爭局勢相當重要，深入瞭解決定未來績效的外部因素

也必不可少。

在本章中，我將提出一個簡單的架構，以系統性的方式，把外部洞見納入董事會和高階主管層級的決策過程。

外部洞見還處於萌芽階段，隨著新科技逐漸進步發展，董事會和高階主管運用外部洞見的方式也將更為精密。我打造這個架構時，試著讓它具備可在今日派上用場的高效能，同時也具有長期下來仍能適用的通用性。架構由三個階段組成，複雜程度也隨著每個階段逐步提高；每一階段都包含了簡單易懂的三步驟流程。

本架構的 A 階段，將集中在瞭解競爭局勢中的興衰起伏如何影響你的事業。這個階段的起始點，是要瞭解哪些外部因素對你的事業影響最大。利用外部洞見，就能即時追蹤這些因素，建立起預警系統，在機會與威脅出現時通知你。

B 階段將外部洞見納入基本流程，像是闡明策略、建立預測模型，同時也將外部洞見當作關鍵的回饋循環（feedback loop），判斷執行後是否有效。

C 階段將完全改採外部洞見典範。在本階段，外部洞見將勝過內部財務資訊的重要性。企業目標、成就、公司健康狀態，都將透過外部洞見的透鏡檢視。在本階段，資料科學、賽局理論（game theory）、人工智慧（artificial intelligence, AI）都將成為核心管理工具。

◎ A 階段：透過外部洞見瞭解競爭局勢

整個第一階段都是要將外部資訊帶入董事會裡。任何公司都會受外部因素所影響，而本階段的最終目標，就是要瞭解在這些因素當中，哪些對未來績效的影響最大。以系統性方式追蹤這樣的領先指標，高階主管和董事將更能掌控自家事業，也將擁有能做出好決定的更好工具。

本流程的第一步（為了方便理解，以下稱為步驟 A1）是要考量到外部的整體產業因素（industry-wide factor），比如說總體經濟趨勢。這類因素有些可能相當明顯，像是在開拓重工案例裡的能源成本。而比較難一眼就看出的例子，就是第 6 章美粒果實例中的天氣情況，對該公司未來的橘子供應量將會造成影響。

要分析大量廣泛外部因素所帶來的影響，可能看似是件艱鉅的任務。我認為有個實用的方法會很受用。多數情況下，80/20 法則都能適用：20% 的因素會帶來 80% 的價值。對大部分的公司來說，光是以系統性方式將外部因素帶入決策的過程，就會帶來莫大好處了。因此，我的建議是先採取簡單的作法，接著相信直覺。通常，對於哪些外部因素重要到得隨時關注，公司的領導團隊都會很有概念。檢視適當的可能出線因素，分析這些因素對公司的歷史成果有什麼影響，應該就能揭露是哪些

因素重要到得好好掌握才行。

更為嚴謹的方法則是使用迴歸分析（regression analysis）或是機器學習。這類方法能找到非直覺的因果關係和出人意料的洞見。然而，採用像這樣的方法，任務更為繁重，因此需要專業的知識與技能，才能達成正確的結論。除非公司內部本身就有這樣的專業人士，不然我會建議，從最明顯的外部因素中獲得好處之前，先抱持觀望態度。

在步驟 A2 中，我們將找出源自競爭張力（competitive tension）的外部驅力。這類的例子可能像是行銷費用和顧客滿意度。在步驟 A2 中選擇要追蹤哪些驅力，和在步驟 A1 中的流程非常類似。同樣地，你也可以選擇是要採取實用還是嚴謹的作法。我偏好實用的方法，原因與在步驟 A1 時所說的相同。

步驟 A2 中要考量的新要素，是如何構思**適合的衡量標準**。像是能源成本的這類經濟驅力追蹤起來很容易，因為這是可公開取得的數據。競爭張力相關的領域就比較難量化了。比方說，舉客戶滿意度的例子來看。滿意度要如何定義？是否應該根據顧客回饋、淨推薦值（net promoter score, NPS）、顧客忠誠度，或者也許採用「流失」（churn）——也就是在一段時間內失去客戶——作為判斷標準？客戶滿意度的完美定義並不存在。還有另一個難處是，不管選擇哪種定義方式，都需要從同儕企

業中取得同類型的資料。知道自家的顧客滿意度有所改善是件好事，但如果不知道競爭對手的顧客滿意度有何變化，就無法知道自己究竟是進步了還是退步了。

我會建議，先選出一種網路資料類型，裡面包含了你正在尋找的指標。就客戶滿意度而言，社群媒體是顯而易見的可能選項。將你客戶的社群媒體情感和競爭對手的相比較，就會得到客觀數值，瞭解相對客戶滿意度如何隨著時間變化。

在步驟 A3 中，我們將會結合步驟 A1 和 A2 的結果，**打造預警系統**。趨勢分析應該要透過線上儀表板互相分享，或是納為標準董事會簡報的一部分。任何關鍵驅力出現突發變化時，應要能立即觸發警報，通知高階主管和董事會成員。

像這樣由外部洞見持續提供更新，可以為公司財務資訊和其他內部的報告與分析，提供寶貴的背景脈絡。這也能讓高階主管和董事會成員全面瞭解重要的市場發展，以及前方將碰上的關鍵挑戰。外部洞見也為內部偏誤提供了至關重要的修正機會。在外部資料中找到的實際情況，支持公司內部的說法嗎？管理階層瞭解市場的走向嗎？根據目前的市場發展，公司的現行策略合理嗎？

對影響公司的外部因素有所瞭解的話，也能將其用來打造第三方衡量公司競爭力的方法：**競爭活力**（competitive health）。舉例來說，衡量新聞與社群媒體中的網路足跡（online footprint）大小，就可得知一家公司的品牌競爭力。衡量同儕企業中所有公司的足跡大小，就能估計每家公司在整個產業足跡中占的比例。對品牌而言，這經常被稱為廣告聲量占有率。

下方是競爭活力矩陣，說明了公司可能會置身的四種不同情況。競爭活力矩陣可用來評估公司在一段時間內的競爭力發展：比如說上個月。橫座標軸表示公司網路足跡的變化；縱座標軸則表示廣告聲量占有率（SOV）的變化。如果兩者皆為正向發展，邪公司就是位在「勝出」的象限當中。

融文的「競爭活力矩陣」分析一段時間內的變化，
顯示出公司究竟是進步還是退步。

SOV 增加

同儕企業表現低落　　勝出
才勝出

負向變化 ——————————— 正向變化

落敗　　　　表現低於同儕企業
而落敗

SOV 減少

一般傳統分析只會看上頁圖中橫座標軸上的變化。採用外部洞見的作法時，橫座標軸上的變化都無關緊要。重要的是縱座標軸上的變化。任何與同儕企業相比的正向改變都是好事；任何相對的負向改變都是退步。**在動態的競爭市場中，所謂的進步是比較之後的結果，是量化了你與競爭對手相比的改善幅度。**

完成外部洞見架構的 A 階段後，將為董事會會議室內的所有討論，注入由第三方資料打造出來的產業層面觀點。公司將即時追蹤並分析外部環境，確保能維持展望未來的積極主動心態。系統性運用外部洞見的方式，將會提供公司競爭活力的即時成績，以及更容易發現新威脅——還有機會——的預警系統。比起缺乏外部洞見的董事會，獲得外部洞見輔助的董事會更為主動，並能做出更多明智決定。

鋒健個人護理（Edgewell Personal Care）這家公司欣然接受了外部洞見的重要性，也瞭解持續追蹤所處競爭局勢中的變化，會帶來什麼好處。鋒健是間消費者包裝產品公司，旗下的品牌包括威爾金森之劍（Wilkinson Sword）刮鬍刀、夏威夷熱帶（Hawaiian Tropic）防曬用品，以及女性護理品牌，像是倍兒樂（Playtex）與嬌爽（Carefree），還有護膚品牌保濕（Wet Ones）。該公司擁有約 6,000 名員工，據點遍布 50 個國家。

A 階段：透過外部洞見瞭解競爭局勢

	說明	解釋
步驟 A1	找出整體產業因素，像是影響未來績效的總體經濟趨勢。	能源成本、消費者信心、原物料成本。
步驟 A2	找出關鍵的外部商業驅力，而驅力是源自會影響未來績效的競爭張力領域。	行銷費用、顧客滿意度、創新管道。
步驟 A3	打造預警系統，在威脅與機會出線時給予通知。	在儀表板放上在 A1 和 A2 中找到驅力的即時分析——突發變化會立刻觸發警報。用即時競爭基準化數據和競爭活力矩陣，能追蹤公司的競爭活力。

　　鋒健所在的產業競爭極為激烈，對手都是規模更大的跨國企業，也相對擁有更多資源和行銷預算。鋒健公司保持優勢的一個方法，就是藉由資訊流的幫助。保羅・帕西里歐（Paul Pacileo）是鋒健的商業規劃與策略經理，他使用融文的軟體，每兩週整理出一份報告，集結了所有可能會影響鋒健產品的外部資料。

　　帕西里歐的艱鉅工作，是要從每天大量蜂擁而來的產業資料中，決定哪些資訊和公司有關。為了做到這點，他為鋒健每條事業線設計了一連串精細的即時搜尋，創造出與公司產品相關的**外部資料觸發點**（trigger point）。他主要聚焦在兩方面：第一，與產品線相關的

策略資訊，像是新產品上市、產品改良、競爭群組內的消息；第二，戰術資料，比如哪些產品正在特價、像沃爾瑪和目標百貨的主要零售商發展如何、折扣計畫。第三條資訊流則研究競爭對手的企業消息：譬如說節省成本措施、收購案、品牌銷量。

帕西里歐說：「我們雖然會研究預測的結果，卻不會太糾結於財務上的分析。如果我們能搞清楚為什麼某個產品的銷量上升或是下降了，才會是比較要緊的事：我們感興趣的是為什麼發生了那種情況，也會把結果發布給組織內所有希望得知的人。」

帕西里歐每天收到將近 200 個資料點。「我職責的一部分，就是負責商業進程，而我們用到的其中一個關鍵重點或概念，是『單一事實點』（single point of truth）的構想，」帕西里歐表示。「我們試著集中處理資訊，這麼一來，不管誰用了這份資料，都會看到同樣的內容，我們也不再是在孤島中工作了。我們努力在注意版本控制（revision control）的問題，才不會某甲看的是這個版本，某乙看的又是另一個版本，他們再各自去做自己的工作，然後突然之間，我們的策略就出現了斷層或是對應不上的情形。」

第三方資料為帕西里奧提供了支援，確保他給予企業內部各處的資訊，能讓相關人員即早做出決定，回應需要公司有所反應或需要某種反情報的市場變化或新聞消

息。「假如我們對競爭對手所採取的行動更有概念，也能略知一二的話，就能以更好的方式，針對當下的情況回應與反應了，」帕西里歐說。「我們的策略也會變得更多元，因為如果我們能根據我們所能取得的資源，看出趨勢、看出事情將如何發展，冒著的就是經過計算的風險——而這個風險已經被徹底研究了。我們不會試著跟競爭對手採取一樣的行動。」

「我們之所以想知道競爭對手在做什麼，是因為想評估這些行動的效果如何，」他說：

如果他們採取的行動會導致我們失去市占率，那麼，我們最好確保自己有試著做點什麼，以免真的出現那種情形。同時，如果他們在某個計畫上花了大筆的錢，而消費資料和績效資料卻沒有顯示出市場上有變化，或是那個品類的市場蕭條，也許這就是我們能做點什麼的機會了……我們鋒健公司並不具備大馬力，也不像有些競爭對手擁有許多資源，所以得利用不同的資源才行。其中一個資源就是知識——對這個世界正在發生的事有更充分的理解。要更瞭解環繞在我們身處商業世界的週遭一切；要更瞭解我們的零售商是誰，並試著把對他們的認識，當成是能建立更堅固合作關係的有利優勢。

鋒健致力要隨時掌握著外部資訊的精神值得讚賞。他

們採用的方法相當務實，卻非常有系統。他們藉由欣然接納外部洞見，對自家公司身處的競爭局勢有了深入的瞭解，並利用這點，在面對同一產業中規模更大、資源更多的競爭對手時，成功向他們發起挑戰。

◎ B 階段：將外部洞見納入核心內部流程

在 B 階段，實際運用外部洞見的方式，是將其整合進核心的內部流程當中。本階段的三個步驟分別針對了策略、預測、如何衡量成功與否的三方面。

在 A 階段已經探討過源自競爭張力的外部驅力有何價值。在 B 階段，這個概念將會更進一步深入探討。原因在於，領先績效指標並非生而平等。有些可能在創造短期獲利上有所幫助，像是短時間內衝高銷量，而其他的則對長期成功來說至關重要。

這就是策略為何如此重要了。「策略」（Strategy）一詞源自希臘文的 stratēgia，意思是軍事首領的計謀。它是指一種高層次的計畫，研擬的目的是要在難以預料的情況下，達成一個或多個目標。而掌握了一項獨特技能，最佳策略就能決定市場地位的不同。

步驟 B1 主要是針對公司想主宰的競爭張力場域，闡明企業策略，如此最終才能勝過競爭對手。一個簡單的例子可能像是：「我們會成為產業中的贏家，因為我們

會提供業界最棒的客戶支援服務。」要做出像這樣的決定，應該要先研究預設客戶的偏好，再以誠實但充滿抱負的目光看待企業內部的能耐，讓後者能符合前者的需求。

針對競爭場域闡明策略的好處是，在公司績效可評估的情況下，這種方法極為適合用客觀的外部資料打造總體目標。運用外部洞見設立適當的競爭基準，公司採行的策略是否成功，便可即時評估與追蹤。

為了與今日許多產業感受到變化出現得愈來愈快的這點相抗衡，在瞭解公司施行的策略有多成功這方面，採用即時回饋循環會非常有用。假如市場情況突然改變了，就能用外部洞見的手法重新評估並調整某個策略，而不會失去寶貴的時間。

2012 年 9 月，《哈佛商業評論》透露，無論商業環境中變化的實際步調為何，近九成的高階主管都是每一年才制定策略計畫。[3] 同一篇文章概述了波士頓顧問公司（Boston Consulting Group）的一份調查，對象是全球十個主要產業部門中的 120 家公司，調查顯示，高階主管都很清楚知道，制定策略的過程必須要配合競爭環境中的特定需求。儘管如此，調查報告發現，許多高階主管實際上倚賴的方法，反而比較適合用在可預測又穩定的環境，即便他們自身所處的環境向來都反覆無常又極其易變。這篇《哈佛商業評論》文章的標題很切題地

取了「你的策略有什麼策略」（Your Strategy Needs a Strategy）。這篇文章指出的主要挑戰都可以採用外部洞見來應對。

實際運用外部洞見的步驟 B2，是將關鍵外部驅力納入預測模型當中。這麼做的目的，是要確保預測會反映出影響企業的外部因素，而不是完全只依靠內部資料。

像這樣的任務需要精密複雜的統計和資料科學。有些公司內部已經發展出這方面的專長了。沒有這種專門技術的公司則可以利用一些外部的顧問公司。無論是何者，我都會建議儘量不要打造會變得過於複雜的模型。一家公司的未來績效是由很多因素所決定。模型在應用資料科學的神奇魔法時，往往會變得很複雜，又難以理解。要避免最終得到的是一個不知內部如何運作的黑箱。像這樣的模型會讓人很難提出異議，也會在開始出錯時，導致天大的錯誤。我會建議儘量把模型打造得愈簡單愈好，並以常識徹底檢查一番。

將外部洞見納入公司的預測模型，將產生更可靠的預測，因為這些結果不受內部因素所限制。預測的準確度提高會減輕企業內部的壓力，為高階主管騰出時間與精力，並讓公司在部署資源時更有效率。

舉 Prevedere 公司的華格納合作的另一間公司為例，這家全球飲料製造商的產品都標示著有效日期。他們打

入中國市場時，開始和經銷商合作，要進軍區域市場。
許多關於銷量的預測很明顯都是出於直覺，因此準確度
只有約七成，這表示就連在中國的主要城市都有三成的
錯誤率。

在飲料產業中，過量存貨是很常見的作法，因為每家
品牌都不想把貨架空間讓給競爭對手。Prevedere 取得
了很大一批的第三方中國政府資料，內容與就業情形、
家庭收支、支出費用、人口統計變項、區域銷量有關。
此事利害攸關。預測準確度每提高百分之一，該飲料公
司就能在存貨清單中減少貨架上的商品數量。檢視第三
方的外部資料，讓飲料製造商能提高逾 15% 的預測準
確度，等於省下了幾百萬美元。

**在步驟 B3 中，重點將轉放在衡量成功與否，或換個
說法是，檢查公司執行策略的有效程度。**在策略和預測
中都納入了可量化的外部因素，就代表能清楚顯示勝出
的必要條件，以及能清楚瞭解外部因素要如何轉換成未
來的財務績效。如此便能打造出一套新的績效指標，用
於追蹤一家公司在努力要達成策略目標時有多成功。

打造這樣一套新的績效指標，其實是源自兩項重要的
外部洞見原則。第一項是績效改善的程度，是相對競爭
對手的改善而言。第二項是最有價值的指標本質上都帶
有具備遠見的特性，是未來績效的領先指標。此方法與
傳統評估公司績效的方法大為不同。任何上市公司的財

務報告都能立即表明營收數字、獲利、現金流、年成長率。要透過外部洞見的透鏡檢視公司，僅僅是這樣的資訊並不完整。營收和獲利都是歷史指標，年成長率也沒有包含公司上一季究竟是進步還是退步的資訊。

我不想藉此來暗指，當今沒有人在乎市占率或其他評估相對成功的方式。市場顯然也對具有遠見的資訊非常敏感。我也不是要說財務指標無關緊要。我想指出的是，要怎麼做才能將外部洞見用於打造一套新的績效指標。這套第三方資料集不用等到每季結束時才更新，而能即時訴說身處同產業的公司企業，和彼此相較起來表現如何。只關注像是財務資訊的歷史績效指標，會讓高階主管太過集中在內部資料上，眼光也會過於短淺。善用外部洞見的績效指標，能有助於確保公司把重點放在範圍更廣的產業發展，並讓公司永保長期不墜的成功。

完成外部洞見架構的 B 階段後，將從預警系統提升至全面實際運用在外部資訊中發現的價值。公司追求策略目標的過程，可以使用關於競爭張力策略場域的基準，進行即時評估。假如基本的市場假設改變了，這種即時評估方式可讓公司更容易調整前進的方向。

策略若闡明了競爭基準，其清楚易懂的特性會帶來額外好處，可讓員工瞭解自己分內的工作對公司整體有什麼貢獻。將外部因素整合進預測模型當中，便可深入瞭解競爭局勢的改變對未來的成果有何影響。外部洞見用

來評估公司執行能力的有效程度時，才能真正發揮外部資料的所有潛力。

簡單來說，任何行動只要能提高重要的競爭基準，都能讓公司占有更好的市場地位，獲得更進一步的投資；任何做不到這點的行動都應該拋諸一旁。這種方法提供了對於公司績效的看法，補充了傳統財務資料的不足之處。它也保證會將重點擺在涵蓋更廣的產業發展，也為了長期獲利，以最佳方式分配公司資源。

B 階段：將外部洞見納入核心內部流程

	說明	解釋
步驟 B1	針對想主宰的競爭張力場域，闡明公司策略。	範例：「我們會成為產業中的贏家，因為我們會提供業界最棒的客戶支援服務。」打造總體目標，讓公司能以此作為衡量標準，即時評估採行的策略是否成功。
步驟 B2	將外部因素納入財務預測模型。	將 A 階段的預警系統修正得更完善，以便能準確瞭解每個外部因素如何影響未來績效，並據此考量其重要程度。
步驟 B3	藉由外部領先績效指標的競爭基準，評估執行的有效程度。	打造一套新的績效指標，補充傳統財務指標的不足之處。

◌ C 階段：改採外部洞見典範

部署外部洞見的第三也是最後階段，代表著在事業上採取完全是新的方法。財務成果不再是焦點，反而被視為競爭基準中歷史排名的落後結果。

C 階段要求在觀念方面，要從過去聚焦的內部資料、財務資訊、過往事件上轉移。年度目標不再是用財務上的目標來表示。公司的健康狀態也不再以獲利或現金流的方式評估。

完全改採外部洞見典範的公司，將透過在外部資料中找到的領先績效指標透鏡，詳細檢視一切。成功與否將以相對的標準來評估，也能衡量公司按照關鍵競爭基準行動時，表現得有多好。

表面上看，這聽起來可能很激進，不過環顧一下四周後，就會看到這種思維方式已經開始生根了。比起財務的歷史資料，管理預測更容易影響公開發行公司的市場價值。一間上市公司的消息傳開以後，即便其競爭對手的基本指標維持不變，他們的股價仍就會因此漲或跌。

談到欣然接受外部指標的重要性時，最早採納這種具有遠見指標的正是矽谷。你是不是常常聽到某間矽谷的新創公司，明明零營收，卻有高得離譜的估值？這是因為矽谷投資人不知道他們在做什麼，還是因為他們用財務以外的資料來評估該公司的價值？

　　第 3 章中，我們已經看過 Instagram 如何在缺乏營收且只有 13 名員工的情況下，創辦後僅過了 18 個月，臉書便估計該公司有 10 億美元的價值。同樣地，YouTube 在 2006 年以 16.5 億美元賣給 Google 時，也沒有任何營收。這兩個例子都說明了，矽谷早就已經在用領先績效指標評估公司的價值，而不是用歷史財務資訊。

　　馬克・祖克柏估計 Instagram 值 10 億美元，是因為該公司擁有使用者方面的成長動力，以及在網路照片分享市場中的主導地位。四年過後，金融分析師說這次的收購「划算無比」。

　　同樣地，瑞士信貸（Credit Suisse）分析師史帝芬・朱（Stephen Ju）也估計了，YouTube 的 2015 年營收為 60 億美元，相當於 Google 總收入的 8%，讓前者成為後者成長最快的營收流（revenue stream）之一。[4] 如果用 Google 的市值比上營收作為根據，YouTube 目前的價值估計約為 500 億美元，讓 YouTube 成為 Google 有史以來最成功的收購行動。

　　部署外部洞見的 C 階段並非提倡要扔掉「老派」的財務資料，像是獲利或現金流，而是要接納今日競爭基準排名的重要性，才能在未來創造出價值。YouTube 和 Instagram 的故事都說明了，實際用金錢投資，最終將能獲得這樣的價值，而此價值也能以營收和利潤率來衡量。不過，這一切要成真的話，得先在競爭基準的排名

大戰中勝出才行。

　　C 階段最後要介紹的部分，是採用協助策略決策的先進模擬軟體。這種軟體將情境分析建立在外部與內部的資訊上。它應用了機器學習和賽局理論，模擬採用不同策略的結果。有些公司已經開始在最終決策上，賦予智慧軟體投票權。

　　日本創投公司深智慧（Deep Knowledge）著名的事蹟，就是在董事會中指派一個人工智慧，使其擁有與其他董事會成員同等的份量。IBM 為了相同的目的，正在開發「華生」（Watson，以在《危險境地！》〔Jeopardy〕節目上打敗參賽者而聞名）的董事會版本。有了高度發展人工智慧的輔助，對於可任意取得關於市場、顧客、競爭對手的大量資訊，董事會將能更理解其中的意義。人工智慧軟體可執行複雜的情境分析，這是一般人很難做到的事，因此，人就會有餘力將重點放在他們的擅長之處——提出對的問題、好好進行判斷、啟發他人——而機器人則負責處理診斷和模型的部分。

　　我認為，人工智慧將證明其對企業決策非常有用，也能幫董事會理解一個步調日益快速的複雜世界，同時，協助董事會做出以嚴謹資料為根據的明智決定，讓股東、員工、客戶、其他利害關係人從中受益。

　　外部洞見典範將會改變董事會運作與公司管理的方式。本章提供的架構詳述了要如何逐步進行，讓想要利

C 階段：改採外部洞見典範

	說明	解釋
步驟 C1	年度目標是以領先績效指標所表示，而非財務上的目標。	我們會改善顧客滿意度，提高相對於和我們最相近競爭對手的 5%。
步驟 C2	評估公司健康狀態的方式，是根據公司在關鍵競爭基準上的排名高低，而非財務資料的結果。	將 A 階段的預警系統修正得更完善，以便能準確瞭解每個外部因素如何影響未來績效，並據此考量其重要程度。
步驟 C3	部署行事精確嚴謹的人工智慧，作為決策時的電腦輔助，善用其複雜的情境分析與賽局理論。	打造一套新的績效指標，補充傳統財務指標的不足之處。

用外部資料和外部洞見價值的高階主管和董事會，可以運用在決策、制定目標、預測、衡量執行後是否有效等方面。完全改採外部洞見典範以後，代表將重心從傳統集中在財務資訊和營運效率的方式上徹底轉移，改放在優先深入瞭解競爭動態情形以及領先績效指標。

下一章將討論更多細節，看看外部洞見在實戰上如何能支援其他部分的工作，如行銷、產品開發、風險評估、投資。接下來的幾章不會採取架構的形式，取而代之的是看**創新公司如何利用外部資訊和外部洞見，發揮他們的專長**。而無論讀者擔任的職位是不是上述的其中一項工作，希望這些實例都能啟發讀者，讓他們想出有創意的新方式，在日常工作中實際將外部洞見派上用場。

行銷人適用
的外部洞見

Oi

chapter

9

根據維基百科（Wikipedia），《金氏世界紀錄大全》（Guinness Book of World Records）是有史以來最暢銷的版權書籍。[1] 這本書的構想是源自休・比佛爵士（Sir Hugh Beaver）與人的一次爭論，那時，這位健力士酒廠（Guinness Brewery）常務董事在狩獵活動中沒射中一隻金斑鴴，活動結束後便出現了爭論。當時爆發的意見不合，是在爭吵歐洲最快的野禽是哪種鳥：金斑鴴還是赤松雞。比佛發現到，沒有哪本書裡面找得到這份資訊，而每一天，全球各地的酒吧裡一

定都有數不清的類似爭論發生，但任何書裡都找不到可以為討論下最終定論的資訊。這就是《金氏世界紀錄大全》每年慣例出版一次的起源。2017 年的版本代表本書已經連續出版了 63 年。

在這 63 年期間，世界不斷在改變，我們今日用指尖就能取得全世界的綜合知識。我經常發現自己在 Google 上搜尋瑣事。衣索比亞的人口有多少？（答案是 9,410 萬人；2000 年時超過了埃及的人口。[2]）挪威海岸線有多長？（答案是 2 萬 5,148 公里，包含了本土的 2,650 公里，以及長峽灣、眾小島、小灣澳的 2 萬 2,498 公里。[3]）

我搜尋「歐洲最快的野禽」後，知道了金斑鴴是正確的答案。而我在搜尋「全球最快的野禽」時，發現短頸野鴨具有最快的最高速度（每小時 88 英里）。[4] 不過，鷸鳥才是狩獵場內更難射中的野禽，短頸野鴨反而比較容易獵到，這是因為後者加速時慢了許多。

網路上整合了關於全世界的知識，並不只是改變了大眾得知像野禽飛行速度這類瑣事的方式。它也給了我們空前絕後的機會，可以研究任何想購買的產品的優缺點。**我們會先上網研究，再根據調查的結果，決定要買什麼。過去 20 年以來，這種趨勢改變了行銷方式**，也遠比任何其他因素的影響力都還要來得大。消費者的購買決定以往都深受行銷影響。如今，傳統行銷手段的效

果已經大不如前，因為消費者都改為先在網路上研究，再下決定。他們不相信行銷。他們是在尋找其他人對公司企業有什麼看法——他們尋找的正是社會認同（social proof）。

影響行銷的三項基本改變

行銷在過去 20 年間經歷了劇烈變化，之所以出現這樣的結果，是由於本書在第一部描述的新數位世界。關於行銷手法的轉變過程，相關著作並不少。這個主題絲毫不缺專家、書籍、部落格的貢獻。簡單來說，我認為所有這些文獻都是在敘述三項基本改變所帶來的結果，而每一種改變本身都具有變革的特性。

第一個重大改變是，在我們的新數位世界中，一切都變得可量化。每個單一的活動或使用者投入程度，都能以嚴謹方式進行分析。在這個過程中，行銷從原先主打創意的方法，經常讓投資報酬率（return on investment, ROI）含糊不清又難以計算，逐漸轉變為運用數值計算的活動，藉由即時分析網頁曝光次數（page impression）、點閱率（click-through rate, CTR）、使用者投入程度，達到最佳投資報酬率。

第二項改變是採用了社群媒體。對市場研究來說，社群媒體代表了與以往完全不同的新時代，提供了前所未

有的機會，可以去瞭解目標客戶的需求和偏好。史上頭
一遭，公司企業可以直接進入大眾的內心、得知大眾的
想法。他們無需提出要求，就能即時偷聽到一般人怎麼
談論他們家的產品，還有跟競爭對手比起來孰優孰劣。

第三項改變是，大眾做出購買決定的過程被徹底顛覆
了。透過行銷活動向目標客群進行推銷，公司可以仰賴
這種手段的日子已經結束了。現在，資訊流已經從推式
逐漸改為拉式。一般人在下任何決定前，都會先在網路
研究過你家公司的聲譽。他們在找尋的是可以信任你和
你品牌的證據。

內化這三項具有變革的改變，將會是今日打造成功
行銷策略的關鍵。行銷人必須建立起對科技很在行的企
業組織，才能分析行銷活動的績效，並達到最佳化的成
果。他們得要設計出挖掘社群媒體資訊的強大程式，才
能隨時掌握目標客群在喜歡和不喜歡口味上的改變。他
們在行銷方面真正該努力的地方，應該是專注在提高社
會認同，以及宣傳其他有利的網路麵包屑，如此一來，
目標客群在研究時，就能更容易找到這些資訊。

◌ 從妖術到運算大量數值

約翰·沃納梅克（John Wanamaker, 1838 ～ 1922）
是著名的費城商人與行銷先驅，多項創新之舉都歸功於

他，像是「價格標籤」（以前甚至連百貨公司的商品價格都不是固定的，而有討價還價的餘地）以及「退款保證」（money-back guarantee）。不過，他遺留後世中最有名的，還是經常被引用的這句話：「我花在廣告上的錢有一半白白浪費了；問題是我不知道是哪一半（Half the money I spend on advertising is wasted; the trouble is I don't know which half.）。」

多年以來，這就是行銷碰上的困境。沒有回饋循環可用於評估行銷活動的具體影響。所有這一切卻因為網路而有了改變。在網路上，所有一切都能追蹤也能量化：比方說，某個廣告到底出現了幾次，又被點擊了幾次。點擊流量（click stream）可以一路追蹤至消費者下了購買決定的那一刻，或是消費者拋棄了購買念頭的那時候。

在這過程中，行銷已經從充滿創意想法的產業，轉變成運算大量數字的產業了。一個絕佳的實例就是巴拉克・歐巴馬（Barack Obama）企圖要在 2012 年連任美國總統。他在 2008 年總統大選中勝出，是由於先前在社群媒體上展開的競選活動大獲成功，而這是早期打贏網路選戰的其中一例。為了要連任，歐巴馬在 2008 年讓他當上總統的社群媒體方面，順利加倍投注，打造了資料導向的競選活動，而這種方式將是往後行銷人大加宣傳的手段。

　　歐巴馬新競選活動的核心人物就是丹‧沃格納（Dan Wagner），他在 2009 年 1 月受雇為民主黨全國委員會（Democratic National Committee，DNC）的全國目標主任（National Targeting Director），民主黨全國委員會是美國民主黨的管理機構。沃格納的工作，以非專業的說法來講，就是找出可能會投給歐巴馬的人，再說服他們於投票日當天去投票。

　　民意調查的進行方式向來是拿小樣本的選民資料，再把這份資訊當作大規模意見的代表。沃格納採取完全不同的作法，而這種方法把新數位世界也納入其中。華格納的方法是早期的一個大規模實例，展現了假如正確運用外部洞見，發揮出來的力量會有多強大。根據《MIT 科技評論》（MIT Technology Review）：

> 他的手法將醞釀了十年的新式思維化為現實，選民因此不再受限於舊時的政治地理版圖，或受制於傳統的人口統計分類，例如年齡或性別［……］全體選民反而能被視為個體公民加總在一起，而在衡量與評估每位公民時，都能依據各自的不同之處進行分析。[5]

　　一個單獨的大型資料儲存庫應運而生，如此才能合併來自第一線工作人員、消費者資料庫、民意調查機構的資訊，並將這些資料和更新的資訊結合，譬如臉書帳

號、推特帳號、手機號碼。這個系統也讓競選團隊能發起一項測試，目的是要看送出的兩種版本訊息，哪個收到的成效比較好。結果發現，比起成效較差的訊息，成效較好的訊息發揮了約十倍的效力。競選團隊發現，選民似乎最樂於接受來自密雪兒‧歐巴馬（Michelle Obama）的訊息。來自喬‧拜登（Joe Biden）的訊息呢？就不怎麼能接受了。

沃格納的團隊發現，競選團隊設定 18 到 29 歲族群的目標選民當中，有半數用電話根本完全聯繫不上。不過，社群媒體的分析提供了關鍵的強大洞見。在全美的所有臉書使用者當中，98% 的人都擁有一個是歐巴馬迷的朋友。競選團隊意識到整個世界早已加快了腳步。選民已經習慣了能消除不和並讓生活更輕鬆簡單的行動應用程式。根據這項資訊，團隊打造了一個應用程式，其中的 120 萬下載人次來自年輕族群中的歐巴馬迷。競選團隊利用這個應用程式，動員了搖擺州的歐巴馬支持者，鼓勵他們的臉書朋友投給歐巴馬。團隊發現，在臉書好友聯絡上的人當中，大約每五個人會有一人因應這個請求，最終總共動員了 500 萬名支持歐巴馬的選民。

為了募款，競選團隊則開發了一個叫作「快速捐款」（Quick Donate）的解決方案，這是一項軟體專案，可以讓大眾透過簡訊、電子郵件或是在線上直接捐錢，而不用重新輸入信用卡資訊：其構想是要成為政治募款版

的亞馬遜「一鍵下單」（One-Click）。註冊的人所捐的金額，是其他類型捐款者的四倍。此外還有另一個策略要素：時機。競選的行銷團隊選在他們認為潛在捐款者最樂於接受訊息的時候去接觸他們——像辯論過後、選舉造勢大會結束後，或是資深共和黨員宣布消息之後。數據就足以說明了一切：歐巴馬在競選第一任總統時，募集了 5 億美元的資金；2012 年時，他募集了將近 7 億美元。[6]

截至當時為止，歐巴馬競選的行銷活動是歷來用在任一政治競選活動中最為複雜的一次，也改變了眾人熟悉的政治競選活動。如今，只要是有志擔任公職的政治家，都會仿效歐巴馬競選過程的其中一小部分。歐巴馬在 2008 年和 2012 年的網路競選活動，是具有開創性的行銷活動，遠不止適用於政治版圖。至今，這些活動都已經成了啟發全球各地行銷人的個案研究。

歐巴馬接納了外部洞見的概念，善用社群媒體和所有可取得的其他資訊，並運用科技找出資料彼此之間的關聯。即時分析選民意向，幫他的團隊能以最理想的方式分配為數不多的資源。根據 CNN 新聞引用的一名資深官員所言，他們有辦法「每晚模擬選舉結果 6 萬 6,000 千次」。[7]欣然擁抱外部洞見的歐巴馬，比任何人都瞭解選民在立場上的變動，並利用他深入瞭解的這點，當上了美國總統。還當選了兩次。

　　歐巴馬在 2012 年競選連任的故事，說明了本章一開始談到改變行銷三要素的其中兩項。它闡明了科技和分析帶來的新作用，以及在建立對目標觀眾既詳細又深入的瞭解上，社群媒體的力量會有多強大。

❖ 從心占率到社會認同

　　以前的行銷是愈引人注目愈好，如此一來，當大家想到你那種類型的產品時，腦海中會立即浮現出你的品牌。這就是為什麼舒潔（Kleenex）會變成你用的衛生紙、LEVI'S 會變成你穿的牛仔褲、胡佛牌（Hoover）會變成你用的吸塵器。甚至可以說，「消費者」（consumer）這個字眼本身就是這種思維下的產物。大眾和潛在客戶都透過企業目標的這個透鏡，被視為接收行銷訊息的對象，被轉化成產品和服務的消費者。

　　今日的行銷已經被迫要重新思考這種方式了。社群媒體已經讓消費者搖身一變，成為積極的研究專家，他們也對任何直接來自公司本身的宣傳，抱持相當質疑的態度。他們反而是想尋找社會認同的證據。其他人對這個產品有什麼看法？大家對競爭產品有什麼意見？

　　社群媒體網站躋身為網路社群中心，讓先前的顧客分享自己的體驗和評論，幫其他人在未來做出明智決定，旅遊網站 TripAdvisor 貓途鷹就是其中一例。Yelp 則

成為適用於餐廳的同類型網站。TripAdvisor 貓途鷹或
Yelp 上的正面評論，可以增加某家企業的營收；負面評
論則能讓某間公司關門大吉。

在企業對企業（business-to-business, B2B）中也能找
到相同的模式。根據艾奎提公司（Acquity Group，隸屬
重未來公司〔Accenture Interactive〕旗下）的 B2B 採購
情形研究（State of B2B Procurement Study），在做出
購買決定前，94% 的企業買家會先做點網路研究。[8]

口耳相傳向來在打造公司品牌上扮演著重要角色，
但自從引進社群媒體以後，口耳相傳就稱霸了一切。你
在網路上的聲譽極為寶貴，而每個新客戶所做的購買決
定，都是依據他或她有機會參考的公開紀錄，而這些紀
錄是來自每個過去曾和你打過交道的客戶所集結而成的
資料。

社群媒體是公司現今建立起大部分網路聲譽的地方。
就是在這個戰場上，所有現存、流失、潛在的顧客都討
論著你的優缺點。因此，社群媒體可說是行銷人今日最
重要的競技場域。而它們也最難以應付。這是個新領
域，誕生還不滿十年，也持續不斷在發展。

本章在接下來的部分將探討三家公司，全都以高明手
腕運用社群媒體，從中獲益。雖然這些公司經營的事業
分別屬於南轅北轍的領域，但共通點是三間公司都瞭解
社會認同的力量，以及需要動員滿意的顧客，才能為自

家產品作擔保。沒有哪家公司在傳統行銷上花太多錢，
不過，他們反而選擇將資源改用於在社群媒體上打造忠
誠客戶的社群。每件案例的結果，都是穩健的網路身
價，和深受數百萬人喜愛與信任的品牌。在這過程中，
這些公司也都打造出了非常成功的事業。

Instagram 行銷先驅的崛起

　　Daniel Wellington（DW）是瑞士手錶公司，但不像
許多鐘錶公司，DW 是從錶帶起家。2006 年，菲利浦・
泰森德（Filip Tysander）正橫越澳洲，展開背包客旅行，
途中遇到了一位迷人的英國紳士，手腕上戴著勞力士的
潛水錶（Submariner），繫著飽經風霜的黑灰尼龍錶帶，
稱為 NATO 錶帶。他的名字呢？叫作丹尼爾・威靈頓
（Daniel Wellington）。這次巧遇所碰上的完美無瑕卻
樸實無華風格，賦予了菲利浦靈感，讓他決定要創辦一
家公司，提供平價的精緻設計、極簡風手錶，以及可替
換的各色尼龍錶帶。

　　DW 手錶公司成立於 2011 年，初期便選擇採用非傳
統的行銷策略。創辦人泰森德以不肯付錢採用傳統行銷
的方式而聞名（然而，我為了寫本書，上網搜尋了他的
資料，結果清楚顯示出，他已經變得很熱衷於再行銷
〔re-targeting〕的手法了，因為他的手錶開始如影隨形

從一個網站跟著我到下一個網站）。他反而欣然擁抱了
社群媒體，也被認為是使用 Instagram 行銷的其中一位
先驅。他決定要將自家手錶免費贈送給上千名社群媒體
紅人。這些網紅會獲得個別的折扣代碼，可以分享給自
己的追隨者。DW 運用新一代社群媒體名人的名氣和可
信度，以過去鐘錶公司從未達到過的速度，打入了手錶
市場。2014 年，DW 賣出的手錶逾 100 萬只。[9] 相較之下，
老牌鐘錶公司勞力士和泰格豪雅（Tag Heuer）只要一
年能賣出 100 萬只，就會自認是表現很不錯的一年了，
而這兩間公司還各自花了 111 年與 156 年才達到今日的
地位。

　　DW 相當瞭解新一代的消費者，以及社會確認（social
validation）的重要性。他們沒有直接向目標客群推銷自
家的手錶，反而動員了數千名輿論製造者，代他們進行
宣傳。

　　仔細檢視 DW 的 Instagram 帳號後，從中可以發現不
少細節。2016 年 2 月，他們的追蹤人數就達到 200 萬，
離 2015 年 5 月突破 100 萬人次那時候，才過了九個月
而已。這絕對是相當驚人的成長。與之相比，可口可樂
的帳號只有 120 萬人在追蹤。

　　我在 DW 的 Instagram 帳號中發現最有意思的地方，
是其中的 95% 都是使用者自創（user-generated）內容。
這點和許多其他品牌的作法大為不同，因為後者都是

小心翼翼打造內容，以符合品牌故事。DW 的帳號內容
都經過策展（curate），但主要都還是集中在分享粉絲
上傳的照片。為了動員追隨者，DW 舉行了好幾次標籤
（hashtag）競賽。粉絲只要在自己的 Instagram 帳號中，
張貼拍到他們 DW 手錶的有趣或富有藝術氣息照片，就
有機會贏得一條錶帶或是一只新手錶。有些贏家是隨機
選出；其他贏家則是根據上傳照片的原創性做出決定。

DW 標籤競賽範例；「分享最棒自拍 #DWELFIE」	
步驟 1	自拍一張有趣的照片，要確定你的 Daniel Wellington 手錶有出現在照片裡。
步驟 2	上傳到 Instagram，只需要加上 #DWelfie 的標籤。.
步驟 3	在照片中標記三個朋友，鼓勵他們也張貼附有 #DWelfie 的照片，以提高你獲勝的機會。（請注意，此步驟並非參賽的必要條件。）
步驟 4	完成！

「我們最大的目標，就是每天都要維持一個能刺激過
去、現在、未來顧客的環境，同時為品牌增添深度，」
DW 社群媒體經理克里斯多福‧洛夫格倫（Christopher
Löfgren）在 2015 年 6 月接受 Shareablee.com 卡拉‧羅
森（Kara Lawson）的訪問時如此解釋。[10]「追蹤我們的
人擁有清晰宏亮的聲音，他們有辦法幫忙打造我們的品
牌，一次一張照片，每一天都是如此。公司企業所能盡
力做到的一件事，就是藉由提供發聲機會和討論平台，

讓你真正的顧客和粉絲代表你和你的品牌。」

　　DW 不採用傳統行銷手段，而在社群媒體和社會認同上加倍投注資源。結果證明了這是相當成功的策略。2015 年時，公司已營運了四年，營收達到 2 億 700 萬美元，獲利則有 100 萬美元。

⬡ 以游擊行銷和「不將就」態度挑戰蘋果的 iPhone

　　裴宇（Carl Pei）是位 26 歲的謙遜瑞典籍華人。從斯德哥爾摩經濟學院（Stockholm School of Economics）輟學的裴宇，向來對電子商務抱有無比熱情。年僅 18 歲的裴宇就說服了中國製造商，生產他所設計並打著他名號的客製 MP3 播放器。他在網路宣傳並販售這項產品的經驗，之後將協助他打入智慧型手機的市場，向蘋果、三星（Samsung）、HTC、黑梅等市場參與者發起挑戰。

　　2012 年，裴宇當時在中國手機製造商魅族的行銷部門工作。他對公司的走向感到失望，認為還可以做得更好才對。而確實讓他留下深刻印象的競爭對手，是一家叫作 OPPO（或稱為歐珀）的中國公司，於是他決定透過相當於中國版推特的新浪微博，向該公司的一位高階

主管——劉作虎——聯繫。裴宇並不指望會收到劉作虎的回覆,因為對方可是員工數千名大公司的資深高階主管,然而,令他訝異的是,劉作虎確實回覆他了。裴宇告訴他,他想改變世界。他抱怨說,多數和 iPhone 競爭的智慧型手機都有不少缺點,像是膨脹軟體(bloatware,跑得慢又多餘的軟體)、便宜的塑膠外殼、不吸引人的設計、昂貴價格。劉作虎激勵裴宇,叫他想出該怎麼做才能更好的計畫。裴宇也做到了,兩年後,他們成立了一加(OnePlus)公司。

一加是總部位於中國深圳的智慧型手機製造商。它生產的 Android 手機,具備出色設計的外型,以及優異的技術規格,還具有極為侵略性的價格。一加之所以能提供如此具有侵略性的低廉價格,一部份是因為他們只在網路上販售產品,省下了經銷成本,一部分則是因為他們和全球第四大智慧型手機製造商 OPPO 擁有共同投資者,所以採購時能利用 OPPO 的規模經濟。

一加在 2014 年 4 月揭曉了公司的首個產品 OnePlus One,宣傳口號是「不將就」(Never Settle),獲得一片盛讚。這支手機具備的技術規格為業界最佳,價格還是三星手機的一半、iPhone 的三分之一。

推出 OnePlus One 時,由於一加的行銷預算非常有限,因此公司著手採取具有爭議的行銷策略,以便吸引最多人的目光,引發最高的需求。首先,OnePlus One

是「邀請制」手機，表示只有收到邀請才能購買。評論家稱這種制度「令人抓狂」，並談論著「你買不到的最棒手機」。[11] 這些邀請是透過線上競賽和 OnePlus 現有顧客轉介的方式發送。這個邀請制度引發了熱議。邀請制的獨一無二本質，讓人人搜遍社群媒體，就為了找到有 OnePlus 的朋友，或是選擇另一種方法，上 eBay 買二手手機。而其他人則變得既洩氣又不滿，只因為覺得被排除在外。

一加的首次社群媒體宣傳活動叫作「粉碎過去」（Smash the Past），得到了大量關注。宣傳影片發布在 YouTube 上，內容是一支三星的智慧型手機被投入回收機器，遭到摧毀，並由全新閃亮的 OnePlus One 所取代。一加鼓勵大眾拍下粉碎自己手機的影片，證明自己應該得到一支嶄新的 OnePlus One：一百名幸運贏家將能以 1 美元的價格，獲得新 OnePlus 手機的獎賞。一加在 60 天內收到了 14 萬支投稿影片。在 YouTube 上可以看到有人用長柄大錘、電鑽工具、馬鈴薯砲、貨物列車，摧毀了他們的手機。大家都試著展現比其他人更有創意的方法，才有機會獲得這支只能透過邀請否則別無他法的獨家手機。

2014 年春季期間，一加持續進行宣傳活動、競賽、贈送活動，而獎品就是獲得購買他們手機的邀請。這間總部設於中國的新創公司才剛起步，就在推出首次亮

相的產品時，展現了無可否認非常能吸引眾人目光的本
事。一加在舉行連續三場贈送活動的 12 天期間內，吸
引了逾 100 萬名參與者，增加了 4 萬名以上的臉書粉絲
和推特追蹤者，不重複網頁造訪次數有 40 萬次以上，
論壇上多了 3 萬 1 千筆評論。在幾乎沒有任何行銷預算
的情況下，一加靠粉絲來推銷自家的產品，而在 2014
年 12 月，距公司成立後僅僅一年，一加官網的不重複
網頁造訪就已經累計達 2,560 萬次。

　　2014 年 11 月 28 日，裴宇和他的團隊也展現了無
可挑剔的判斷能力，在對的時機出擊。在黑色星期五
（Black Friday）到網購星期一（Cyber Monday）的促
銷活動期間，一加暫時移除了邀請制的購買規定，讓所
有人都能毫無困難地在官網上買手機。光是在黑色星期
五，一加官網就有了近 250 萬的造訪人次──比前一個
月的每日平均值高了 226%。一加的社群行銷活動產出了
受到壓抑的需求，而裴宇和他的團隊在一個週末採取了
一個出色的簡單行動，就高明地收割了這股需求的成果。

　　等到公司快要推出第二支手機 OnePlus 2 ──又稱為
「旗艦機殺手」（Flagship Killer）──時，顧客的期待
度暴增。可提出購買新機邀請的請求網頁上線後，逾
100 萬人在 72 小時內註冊。手機上市前，公司在紐約
時代廣場舉行了限時活動，600 人排隊等候，就為了看
這支手機一眼。「大家是為了買蘋果的手機才排隊。而

為 OnePlus 排隊的人，只是為了有機會能看它一眼，」裴宇當時如此誇耀道。[12]OnePlus 2 在 2015 年 7 月上市，註冊的人數也隨之大增。到了 2015 年 10 月，註冊人數成長到 500 萬。

　　智慧型手機的市場是全世界競爭最激烈的其中一個。黑梅、諾基亞、索尼、愛立信（Ericsson）、微軟都曾花費數十億美元，想在這個市場裡占有競爭的一席之地，卻鎩羽而歸。OnePlus 進入智慧型手機市場，就像是小蝦米對抗大鯨魚一樣。但不像先前失敗的參與公司，OnePlus 並沒有和競爭對手正面硬碰硬，而是將競賽帶到他們能夠支配的競技場域中。OnePlus 相當善於運用社群媒體。他們將社會確認的重要性硬是提升到更高的境界，要求顧客碾碎舊手機。這個特殊例子展現了一家新創公司如何能動員自家粉絲，向規模更大且財務更雄厚的競爭對手發起挑戰。2016 年，經營進入第三年的一加推出了第四支手機 OnePlus 3，這支手機成了公司銷售最快的裝置，分析師也預估這將會為一加帶來近 10 億美元的營收。

◎ 用社交身價、Piece 守護者和社群勇敢逐夢

　　在 2007 年的某個宿醉星期天，三位 20 幾歲的挪威人

——湯瑪斯・亞當斯（Thomas Adams）、亨利克・諾斯圖德（Henrik Nørstrud）、克努特・格雷斯維格（Knut Gresvig）——只想要盡可能愈舒適愈好，但卻找不到適合穿的衣物。他們最後決定，度過盡興的一晚後，理想的家常便服就是把連帽上衣和寬鬆運動長褲縫在一起，而將兩者連繫起來的則是巨大的拉鍊。這就是 OnePiece（譯註：即上下相連的一件式衣服之意）品牌的由來。

OnePiece 於 2009 年 9 月在挪威上市後，立即轟動全國。一夕之間就獲得成功，出乎創辦人的意料之外，他們那時候連品牌標誌（logo）都沒有。

他們之所以成功，關鍵在於大家把 OnePiece 穿出家門，穿到了公共場所。大家都穿著 OnePiece 上街、去超市，甚至有人穿去酒吧。這波風潮起源於湯瑪斯・亞當斯有天決定穿上一件紫色的 OnePiece 出門，看看外頭的大眾會有何反應。「我引起超多人的注意。每個人都問我說：『你穿的那個是什麼鬼？』，」湯瑪斯回憶說。「有人開始問我衣服是在哪裡買的時候，我發現這是大家在任何地方都會想穿的衣服。」

我自己第一次看到有人在公眾場合穿 OnePiece 時，笑到不行。我在想，也許那個人只是在開開玩笑。我並不是唯一這麼想的人。大眾的反應從驚訝到嘲弄都有。OnePiece 連身服被形容成是「天線寶寶」（Teletubby）穿的衣服，或是給成人穿的連身睡衣。根據《衛報》記

者派翠克‧巴克罕（Patrick Barkham）在 2010 年的一篇報導，該報的時尚編輯助理賽門‧契爾弗斯（Simon Chilvers）不覺得有什麼了不起。「它第一眼看起來就只是件連帽上衣，但接著就會看到全身的模樣……有點像嬰兒服飾的綜合體。」[13]

根據共同創辦人湯瑪斯‧亞當斯，OnePiece 品牌和其產品都受到「慵懶藝術」所啟發，或是官網上所寫的，是源自「捕捉並概念化充滿美好無所事事的無憂無慮星期天精髓」的渴望。OnePiece 對自家的服裝風格相當力挺，並在品牌宣言中自豪地聲明：「我們就是慵懶之人、鶴立雞群之人、服裝風格不合身之人。」[14]

OnePiece 的服飾也許體現了「慵懶」的生活方式，但公司本身卻絕對不是。他們在挪威大獲成功後，沒過多久便迅速進入全球市場，成為國際間的流行趨勢。名人諸如女神卡卡（Lady Gaga）、蕾哈娜（Rihanna）、小賈斯汀（Justin Bieber）、卡戴珊家族（the Kardashians）、1 世代（One Direction）、創業家理查‧布蘭森爵士（Sire Richard Branson），都曾有人在公眾場合以及社群媒體上，看到他們驕傲地展示身上所穿的 OnePiece。

「我們從來沒有付錢請任何人穿我們的產品，」湯瑪斯‧亞當斯如此解釋。「我們也沒有花太多錢在傳統行銷上。我們的重點一直都放在藉由社群媒體和我們的顧

客，推銷我們自己。假如我們能讓顧客宣傳我們，可是便宜了許多，也可靠多了。」

OnePiece 一直以來都是社群媒體的創新者。他們策略的核心向來是動員擁護品牌的人（或他們稱之為 Piece 守護者（PieceKeeper，譯註：音同和平守護者〔peacekeeper〕的人）。他們在初期曾設立一種方式，讓粉絲能在 OnePiece 官網上產生個人的折扣代碼。這些粉絲在社群媒體上分享這些代碼後，能夠從他們透過朋友創造的銷量中收取回扣。他們創造出愈多銷量，回扣就愈多。回扣的支付形式可以是現金或是 OnePiece 的商品。為了讓這整件事有如比賽般，OnePiece 推出了積分榜和「任務」。只要完成任務，就能獲得積分，讓排名往上升。任務都設定成難度不高的簡單活動，像是在臉書上按 OnePiece 讚、分享推文、在 Instagram 上張貼照片，或針對《每日郵報》（Daily Mail）的文章發表評論。到了 2014 年下半年，OnePiece 憑藉著 Piece 守護者的活動計畫，社群媒體上的追蹤人數成長達到了 1,250 萬。

2014 年 11 月，OnePiece 展開了具有創新精神的社群媒體活動，稱為 #SocialCurrency（社交身價），受到全球矚目。對於每位前往紐約期間限定店的訪客，社群媒體上每 500 名追蹤者，都能換成 1 美元的折扣。如果分享了加上標籤的限定店影像，還能另外獲得 20 美元的

獎賞。

　　這項活動迅速爆紅，不到一週，參與的人數就達到 2,100 萬。小賈斯汀在轉推湯瑪斯‧亞當斯的一則推文時寫道：「幸好我們把 #SocialCurrency 折扣的最高金額設定在 500 美元，不然 @JustinBieber 小賈斯汀就會有 31 萬 2,927 美元的退款後店內抵用金了。」[15]#SocialCurrency 折扣在首週就共發出逾 1 萬 2,000 美元——這只是為極其成功行銷活動所付出的小小代價。這次活動讓 OnePiece 新開的店聲名大噪，創造了高銷售量，也被國際媒體盛讚為社群創新之舉，不過最重要的是，這場活動不只動員了龐大的品牌粉絲，也強化了粉絲群的忠誠度。

OnePiece 的 #SocialCurrency 活動	
說　明	將你的社群媒體追蹤者，轉換成可在 OnePiece 紐約市期間限定店兌換的社交幣值。
步驟 1	造訪 OnePiece 在紐約市新開幕的期間限定店。
步驟 2	將你的社群媒體帳號連上叫作「Piece 守護者」的網路大使計畫。
步驟 3	Piece 守護者系統會根據你在臉書、推特、Instagram、LinkedIn、Tumblr、YouTube、Vine 上的追蹤者，計算你的折扣。每 500 名追蹤者，就能收到 1 美元的折扣。
步驟 4	在社群媒體上分享標了 #SocialCurrency 的限定店照片，就能另外獲得 20 美元。
步驟 5	完成！

　　OnePiece 在 2015 年發起的另一個創新社群媒體活動，叫作 #HackThePrice（砍價）──在活動的十天期間內，只要每次臉書、推特或 Instagram 上有人分享這個標籤（每位參與者至多分享三次），價格就會降 1 美分。為期十天的活動結束時，每個曾參與的人都會收到電子郵件，內附連結，可以用降低（砍掉）的價格，購買特選的慵懶服飾。每個人都能上 OnePiece 的官網，追蹤分享次數和最新價格的即時概況。同時還有替活動同步倒數計時的時鐘。

　　這是頭一次，#HackThePrice 活動動員了 1 萬 1,000 人分享標籤，並轉換成 7,000 件連身服的銷量。我問湯瑪斯，他要如何解釋如此驚人的轉換率。「參與這個活動的人很有興趣想買這項產品，」他如此解釋，並繼續說：「像這樣的活動也產生了大家的既得利益心態。如果你有幫忙降低價格，也就會想從中獲益。」

　　OnePiece 的獨門絕活就是將社群媒體中的對話轉換成營收。多年下來，他們透過創新的行銷活動，召集了在社群媒體上追蹤他們的人，慵懶服飾產生的收益因此達到逾 1 億美元。

　　OnePiece 為了協助其他品牌也能更善於動員品牌支持者，將 Piece 守護者計畫提供的技術解決方案，沿用至名為「品牌大使」（BrandBassador）的新設公司當中。湯瑪斯相信，OnePiece 在社群商務（social commerce）

OnePiece 的 #HackThePrice 活動	
說　明	分享 #HackThePrice，就能降低一件 OnePiece 傳統挪威毛衣版的連身服。每出現一次分享，價格就會減少 0.01 美元，直到降至 57 美元或是活動時間結束。一起來努力吧！
步驟 1	使用臉書、Instagram 或推特分享 #HackThePrice。在每個平台上可以各分享一次。
步驟 2	越多人分享，價格降越多。無論到了 6 月 2 日時降到了多少，你都可以用那個價格來買連身服。
步驟 3	完成！

的成功發展經驗，對許多品牌來說意義重大，他也樂於分享自己從中所學到的一切。「每個品牌都擁有上千名粉絲，」他說。「他們明明是你自己的顧客，你卻要花大錢向他們行銷，實在是瘋了。你知道他們是誰，也可以在網路上直接與他們對話，卻不用為此付出大筆金額。」

OnePiece 打造了一個不太現實的流行發源地，根據的是他們對打造社群媒體品牌的瞭解，以及電子商務中社會確認的重要程度。這幾位挪威年輕人精心打造了一個進入市場策略（go-to-market strategy），完全仰賴著他們的粉絲，幫他們行銷和創造銷量。他們點社群媒體成金，而在過程中，也被視為是社群商務的創新家。

OnePiece 從最初的連身服，擴展至今日一整個系列的慵懶服飾，包含了內衣、長褲、外套、靴子、帽子、配件。他們在全世界共有十間概念店，產品透過一千個

以上的零售商經銷，每個月出貨到逾百個國家。他們的
目標是要以自家獨特連身服創造的全球流行趨勢為基礎
打造品牌，並在全球價值數兆美元的服裝市場為自己尋
求利基。OnePiece 所發揮的潛力只不過是冰山一角而
已，或用他們自己的話來說：「睡衣派對才剛開始。」

　　Daniel Wellington、一加、OnePiece 是三個展現了新
世代消費者品牌的例子。這些企業主要比拚的地方集中
在網路，憑藉著直覺，就將大部分的注意力放在外部洞
見類型的指標上。他們最重要的指標都與社群媒體投入
程度有關，原因在於他們這種企業會隨著忠誠客戶社群
的大小和活躍程度一同消長起伏。他們也不在傳統行銷
通路上花太多錢，因為仰賴的是客戶為他們建立口碑。
滿意的客戶會創造社會確認，說服其他人一起來趕流
行。就是建立於這樣的根本原則，他們才打造出外部洞
見式的行銷活動。就是建立於這樣的根本原則，他們才
打造出新世代的成功企業。

產品開發適用
的外部洞見

Oi

chapter

10

1995 年7月14日，著名的美國密碼學家暨
活躍分子海爾·芬尼（Hal Finney）在
網路上貼出了一個加密挑戰，之後被稱為 SSL 挑戰，
而 SSL 是 Secure Socket Layer（安全通訊協定）的簡稱，
這項技術是網景公司（Netscape）為了讓資訊能在開放
網路中以加密數據的方式傳輸而發明。美國禁止出口任
何加密金鑰比 40 位元更強的加密技術，海爾則想揭露
要破解這種強度有多容易。8月15日，一位名叫戴米恩·
多利傑（Damien Doligez）的法國博士生破解了密碼，

使用的是暴力破解法（brute-force approach）：他隨意亂猜金鑰的可能密碼，試了超過 5 億次，才偶然找到了對的答案。破解的過程花了他八天的時間。

戴米恩的事蹟迅速傳遍了整個網路，主要的通訊服務公司也得知了這項消息。隨之而來的媒體大肆報導，迫使網景在 8 月 17 日出面，平息眾人的不安，宣稱被破解的只是單一一個訊息——以所使用的運算能力來計算成本的話，估計是 1 萬美元——而不是其下的加密演算法。[1] 網景認為，由於破解一個訊息所需的成本與時間，他們技術的「強度足以保護消費者層級的交易」，不過還是鼓勵大眾幫忙一同遊說美國政府，解除 40 位元加密金鑰的出口限制。

兩個月後，在 1995 年 10 月 10 日，網景發起了稱為抓漏專案（Bug Bounty）的計畫。該公司或許是受到對海爾 SSL 挑戰的媒體響應所啟發，任何人只要在他們的產品中發現漏洞，都會得到金錢獎勵。這種將被揭露的弱點化為機會的方式相當創新。網景副行銷主管麥特・霍納（Matt Horner）當時解釋說：「這個計畫獎勵了使用者迅速找出漏洞，再回報給我們，將可以用廣開開放的方式檢視 Netscape Navigator 2.0 網頁瀏覽器，也能幫我們繼續打造最高品質的產品。」[2]

網景並不完全倚賴自家的員工，反而轉向包含了專家與粉絲在內的全球社群，幫他們將產品打造得更完善。

這種作法所獲得的獎賞，就財務價值而言並不算多，但對大眾貢獻有所表示的舉動，受到了整個社群的熱情歡迎。網景的創新計畫──之後各種類型的公司都相繼仿效，像是 Google、微軟、臉書──是建立在一種洞見上，即是一家公司就算集結了內部智囊團的力量，也永遠無法勝過世界其他所有人加起來的集體智慧。網景的抓漏專案計畫還接著激發出產品開發過程中的新產物，一般稱之為「群眾外包」（crowdsourcing）。

自從抓漏專案計畫推出以來，產品開發就經歷了劇烈轉變。而激起這些改變的，是網路的迅速成長，以及人人都可以輕鬆不費力與世界各地的人溝通、合作、分享資訊。

網景的抓漏專案計畫出現以前，產品開發是一個職責明確的部門，負責維護既有產品，並構想出新產品。網景的抓漏專案將產品開發轉換成一份協作的工作，不再限於產品開發部門以及網景內部的員工，而是動員了全球社群，其中包括了客戶、專家、愛好者、任何其他剛好有空也願意參與的人。

產品開發的方式形形色色。本章將會探討由抓漏專案計畫所啟發的方法，透過這種方法，將能動員群眾，並激發出創新想法，製作更好的產品。這種類型的產品開發方式主要有兩種形式。除了可以是群眾外包的方式，即是所有參與者一同協作，努力讓同一個解決方案更完

善，也可以是舉辦一場競賽，找出最好的解決方案，就能獲得大獎和誇耀的權利。

　　像這樣的產品開發方式完全不是什麼新鮮事，但在一個超級互聯的世界裡，每個人之間都只相距幾鍵之遙，不得不認為這種方式將繼續變得愈來愈主流。這也和外部洞見有所關連，因為它的本質也是公開、在線上運作、由來自全球社群中的參與者注入動力。

　　在深入探究這股趨勢的細節以前，先回頭從歷史觀點瞭解概況。我們也會另外探討一下開放原始碼運動（open source movement，或稱為開源運動），這項運動源自一群自願者，他們借用了群眾外包的概念，實際運用在行動當中。

◉ 動員群眾：歷史觀點

　　為了解決棘手問題而借助大眾的專長力量，這種想法可是歷史悠久。1714 年，英國政府提供了兩萬英鎊，希望有人能想出可靠的辦法，可以計算船隻在海上的所在經度。解決這個經度難題——如何得知一艘船究竟向東或向西航行了多遠——有其必要性，因為知道了經度，才能繪製可靠的地圖，展開全世界的海上探索。這大概是 18 世紀最傷腦筋的難題了。伽利略或牛頓爵士等才華洋溢的人都曾試圖要解決這個問題，卻都無功而

返。最終獲獎的人是一位自學的木工和鐘錶匠，名叫約翰‧哈里森（John Harrison），他耗費了 40 年，終於在 1764 年解決了這個難題。在這幾年的期間，哈里森用了一個大航海鐘的三種不同版本來嘗試，才意識到最佳的解決辦法其實是更小也更實用的航海錶，這只航海錶如今稱為 H4。然而，多年以來，約翰‧哈里森的成就都被視為是純粹僥倖。結果解開難題八年後的 1772年，英王喬治三世（King George III）代他出面干預後，年屆 79 歲的哈里森才終於收到了他的獎賞。在這期間，他的發明已經幫助庫克船長（Captain Cook）找到了澳大利亞。庫克將哈里森的發明讚頌為「我們度過所有變化無常氣候的忠實可靠嚮導。」3

經度獎（Longitude Prize）出現以後，許多其他的競賽和大獎也都相繼推出，想激發出創新成果。其中最有名的就是歐泰格獎（Orteig Prize），頒給第一位從紐約市直飛巴黎的人，由查爾斯‧林白（Charles Lind-bergh）獲得，另一個則是安薩里 X 大獎（Ansari X Prize），頒給首位以民間自製太空船成功進行太空旅行的人。

有個領域開始異常偏好於動員群眾，請他們想出創新點子，這個領域就是軟體產業。傳統上，設獎的概念是建立在提供一個大獎，解決一個大難題。網景的抓漏專案計畫則為新方法鋪了路。在這個計畫當中，每個人都

著手處理同一個解決方案，集眾人之力使其更完善。這個方法已經成為大家口中的群眾外包了。

這個詞是由《連線》雜誌（Wired）的編輯傑夫·豪（Jeff Howe）和馬克·羅賓森（Mark Robinson）在2006年所創，是為了描述一種新趨勢，也就是公司企業向開放社群尋求貢獻，希望有人能想出與產品相關的改善、想法、服務或資料，而不是完全仰賴自家的員工和供應商。豪和羅賓森將他們的靈感歸功於詹姆斯·索羅維基（James Surowiecki）在2004年出版的暢銷書《群眾的智慧》（The Wisdom of Crowds），而索羅維基則表示自己虧欠於查爾斯·麥凱（Charles Mackay）的1841年著作《異常流行幻象與群眾瘋狂》（Extraordinary Popular Delusions and the Madness of Crowds）。

群眾外包發展成一個極具力量的概念，先是讓科技世界改頭換面，接著又在各個產業的創新、問題解決、產品開發上發揮了莫大的影響力。我在為本書進行研究時，時不時就會查閱維基百科，這個全球最大的百科全書是在2001年由吉米·威爾斯（Jimmy Wales）和賴瑞·桑格（Larry Sanger）所推出。維基百科迅速發展為數百萬名瑣事狂熱分子共同進行的全球運動，使其成為全世界其中一個知識集合體的中央儲存庫。下頁的表格列出從古至今的重要大獎或群眾外包活動。本章之後將會更深入探討其中幾起事件。

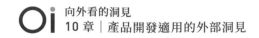

動員群眾：歷史觀點

1714 年	英國政府為「經度獎」提供兩萬英鎊，尋求計算船隻所在經度的可靠方法。贏得該獎的人為自學鐘錶匠約翰‧哈里森。
1884 年	《牛津英語大辭典》（Oxford English Dictionary，簡稱OED）以 A 開頭之卷首次出版，動用了 800 名讀者協助詞彙編目。
1916 年	紳士牌（Planters）零食公司為了設計品牌標誌，舉辦了比賽。一名 14 歲少年以他提出的「花生先生」（Mr. Peanut）勝出，也創造了至今仍一眼就能認出的知名標誌。
1919 年	法國飯店老闆雷蒙‧歐泰格在 1919 年為歐泰格獎提了供 2 萬 5,000 美元，此獎將頒給首位從紐約市直飛巴黎的人。（由查爾斯‧林白在 1927 年獲得。）
1981 年	《孤獨星球》（Lonely Planet）旅遊指南第三本出版，開創了由獨立旅行者提供資料的時代，內容的更新、祕訣、修正皆由使用者提供。
1983 年	理查‧馬修‧史托曼（又經常稱為 rms）展開了 GNU 計畫，自由與開放原始碼軟體的運動就是由此誕生。
1991 年	芬蘭軟體工程師林納斯‧托瓦茲創造了 Linux 作業系統。
1995 年	網景公司推出全球首個抓漏專案計畫。
1996 年	Netflix（或譯為網飛）推出價值百萬美元的 Netflix 獎，將頒給任何能改善該公司影片推薦演算法的人。
1996 年	X 大獎基金會為安薩里 X 大獎提供 1,000 萬美元的獎金，給首位以民間自製太空船成功進行太空旅行的人。
1999 年	Apache 軟體基金會（Apache Software Foundation）成立。
2000 年	克雷數學研究所（Clay Mathematics Institute）公布了千禧年大獎難題（Millennium Prize Problem），只要能解出當代最難的七個數學問題之一，就能獲得 100 萬美元。
2001 年	線上百科全書維基百科由吉米‧威爾斯和賴瑞‧桑格推出。
2005 年	微型零工（microtask）平台人端運算（Mechanical Turk）由亞馬遜公司推出。
2009 年	群眾募資（crowdfunding）網站 Kickstarter 上線。

◎ 自由軟體運動

　　1991 年，知名芬蘭電腦科學家林納斯・班奈狄克・托瓦茲（Linus Benedict Torvalds）受到誰都能使用並改變的自由作業系統概念所刺激，創造了之後命名為 Linux 的作業系統。多年下來，他所獲得的幫助，來自全球各地與他共享願景的上萬名電腦科學家。他們全都自願提供協助。全都免費貢獻心力。如今，Linux 是全球最成功的作業系統。採用 Linux 的網路伺服器占了全球的三分之一，而以 Linux 核心為基礎的 Anroid 系統，採用的行動裝置在全球就超過了五成。[4]

　　Linux 是自由軟體和開放原始碼運動的一部分，而這場運動是源自理查・馬修・史托曼（Richard Matthew Stallman，又經常以他姓名字母縮寫 rms 稱呼）的努力，以及他在 1983 年發起的 GNU 計畫。史托曼雖然在科技世界外並不出名，卻可說是在當代軟體開發方面最具影響力的人了。他的成果啟發了數千個軟體程式的誕生，全都免費提供，並具有開放原始碼。除了像是 Linux 的作業系統外，還有網路伺服器、資料庫、搜尋引擎、程式語言、無數框架，都是基於史托曼想打造有益於社會的公益軟體（public-domain software，或譯為公用軟體）而誕生的產物。到目前為止，史托曼由於他的重要貢獻，已經獲頒來自全球各地大學的 15 個榮譽博士學

位。上百萬名企業家、科學家、電腦迷都受惠於史托曼的努力成果。Google、雅虎（Yahoo）、亞馬遜、臉書、推特以及無數其他企業，都是建立於受他開放原始碼遠見所啟發的軟體。全球各地的研究團隊都能不受干擾，將時間全部投注在精進研究上，正是由於以史托曼努力精神打造的開源框架，帶來數值運算和資料視覺化的功能。

我也同樣受惠於史托曼和開源社群。融文在 2001 年創立時，只有 1 萬 5,000 美元的資金，因此公司是建立於著名 LAMP 堆疊的基礎上，而 L 代表的是 Linux 作業系統，A 是可自由使用的 Apache 網路伺服器，M 是可自由使用的 MySQL 資料庫，P 則是自由開源程式 Perl。若沒有開源軟體——或者若沒有大筆資金能夠支付所有必要的基礎軟體——像融文這類的小型新創公司就不可能成立並有所成長。

如今，儘管開源軟體都是自願者自行組織後無償創造的產物，卻比商用軟體更值得信賴。開源運動最初是一項積極運動，目的是要保護人人隨時能使用、研究、發布、修改軟體的自由權。它是針對商業強行在智慧財產權上施加專利、著作權、其他限制的反制運動。現今，開源運動打造並支援著全球最必不可少且廣泛使用的其中一些軟體。它從一開始毫不起眼的地位，發展出強大的主宰勢力，遠勝過任何其原先想對抗的軟體巨擘。它

持續吸引來自全球的部分菁英人才，這些人想將才能用
於造福人群，而只要這樣的現象持續下去，開源運動將
繼續產生讓所有人受益的軟體。

⬚ 現代產品開發過程中的群眾外包

愈來愈多當代的公司企業開始在產品開發過程中採用
群眾外包的概念。星巴克的「我的星巴克點子」（My
Starbucks Idea）就廣受好評，該公司請星巴克迷在這
個網站上提供點子，看看星巴克該採取什麼行動才會更
好。網站在 2008 年上線，也讓星巴克躋身為早期就採
用了社群媒體投入概念的其中一間企業。頭五年內，該
公司就收到了 15 萬項建議，包含如何改善產品、店內
體驗、企業社會責任，顧客選出最喜愛的點子時，星巴
克合計收到了逾 200 萬張的選票。[5] 從這個企畫中誕生
的最有名創新之舉，大概就是著名的保溫防灑棒（splash
stick），這也是星巴克頭一個付諸實行的點子。自那之
後，數百個點子都實際受到採用，包括了新飲品（低脂
摩卡、摩卡椰子星冰樂、榛果瑪奇朵、南瓜香料拿鐵）、
無糖調味糖漿、中杯環保冷水隨行杯、免費無線上網。

2013 年，英國連鎖雜貨店特易購（Tesco）推出創新
的社群活動，要打造「全球第一款誕生自社群的葡萄
酒」。特易購請顧客和整個網路幫忙，從五個候選酒款

（由部落客和特易購的葡萄酒社群選出）中挑出一個、設計酒瓶、為新酒命名，而這款酒將在英國境內與國際的特易購連鎖雜貨店中販賣。特易購透過在臉書專頁上生成的應用程式，不到三週就收到了 1,668 筆酒款名稱的提議。來自白金漢郡（Buckinghamshire）的家庭主婦蕾貝卡·博亞馬（Rebecca Boamah）提出了獲勝的命名點子，而艾納雷尼之夢（Enaleni's Dream）這個名稱是源自生產該酒款葡萄的黑酒社群。這款酒就品牌觀點來看極為成功，不過就銷量而言也是如此。這款新酒經過宣傳後，頭幾個星期便賣出了超過 8 萬瓶。

Fiat Mio（意思是「我的飛雅特」）是全球首輛群眾外包的車子。它在 2010 年 10 月舉行的聖保羅車展（São Paulo Auto Show）公開亮相，是輛充滿未來風的概念車，為其貢獻點子的人逾 1 萬 7,000 人，分屬 160 種不同國籍，為期長達了 15 個月。[6]Fiat Mio 起初是設定為一個小專案，預計只會有少數的汽車愛好者參與，但隨著貢獻點子的人數日益增加，這個專案從飛雅特高階主管、設計師、工程師眼中的次要計畫，搖身一變成為核心議題。飛雅特的產品專家和貢獻點子的「外行人」徹底探討了共計有 21 大類的點子。討論相當熱烈的主題有：車艙空間、燃油效率、降噪、車載生物識別系統。飛雅特的專家在討論過程中的貢獻是繪製草圖、提供工程方面的見解、其他類型的協助，讓討論能夠化為技術

上可行也能實踐的提案。不過，飛雅特和參與群眾外包的人都很清楚，這台概念車可能無法打造成像大眾車一樣，可能也甚至無法商業化。雖然這輛車從來沒有生產出來，卻創造了不少價值。這台概念車主要被視為一張列出消費者心願的地圖，在飛雅特開發下一代產品時，提供了具體的點子。自從專案推出後，一位飛雅特的高階主管表示，這個專案改變了飛雅特所有人的工作方式，讓整個汽車產業都開始扮演起「心理分析學家的角色」。

我在第 9 章曾談過一加公司的行銷故事，這間中國新創公司在 2015 年進入全球智慧型手機的市場，由於其高階手機只能透過邀請制的方式才能購買，公司迅速成名，引起有如蘋果產品般的狂熱病毒行銷現象。一加也是利用社群作為產品創新嚮導的品牌實例。一加的首款智慧型手機廣受好評後，第二款手機 OnePlus 2 卻收到好壞參半的回饋。共同創辦人裴宇為了第三款手機「OnePlus 3」，推出了一項叫作「你的理想智慧型手機」專案計畫，主動邀請網路上的一加粉絲提供意見，從中得知所有重要的產品決策。裴宇的團隊每週都會和社群互動，透過投票和討論，調查消費者想要哪些功能，比方說抗水、近場通訊（near field communication，NFC）、心率感測器、可擴充的儲存容量、外型設計。這些貢獻為一加團隊的產品決策指引出方向，比如在螢

幕的技術規格和大小方面、相機的位置、電池、是否要
安裝指紋感應器以及安裝位置、是否要提供充電池的全
新創新技術。「新 OnePlus 3 的規格、設計、功能都是
來自一加社群裡超過兩萬人貢獻的結果。」裴宇說。他
的方法也奏效了。OnePlus 3 是該公司歷來銷售最快的
裝置。2016 年 8 月到 9 月期間，一加還得停止販售，
原因是沒貨了。

　　B2B 公司也在產品開發的過程中，受惠於群眾外包。
2006 年，IBM 舉辦了群眾外包的活動，打算要讓新的
產品點子成形。IBM 的「創新腦力激盪」（Innovation-
Jam）由執行長山姆・帕米沙諾（Sam Palmisano）負責
監管，目標是要將他看過的一些創新點子，帶到實驗室
外，實際運用在現實中。就他來看，如果採用傳統的開
發方式，這些創新想法將無法打入市場。「我們敞開了
實驗室的大門，對全世界說：『這些就是我們的珍寶，
好好看一看吧，』」帕米沙諾如此說道，他保證會投資
1 億美元，讓活動中最棒的點子成形並打入市場。[7] 這
場活動在兩次 72 小時的會議期間，吸引了逾 15 萬人參
加，分別來自 104 個國家和 67 家不同的公司。最初的
72 小時創新腦力激盪會議產生了 4 萬 6,000 個貼文，最
後刪減到剩下 31 個很有希望的產品點子。在第二次的
72 小時會議中，眾人就競爭能力和商業機會的角度，
一一分析這些點子的可行性。有些點子在經過詳細檢視

後仍然很有希望，甚至更加完善，其他的則就此止步。十個很有希望的點子脫穎而出後，便投入 IBM 執行副總裁尼克‧杜諾弗里歐（Nick Donofrio）資助的加速開發計畫。這些專案最成功的幾件——包括打造出即時分析交通流量的隨需系統、在全球公用電網中融入智慧系統、引進智慧醫療支付系統、成立全新事業單位提供能直接有益於環境的解決方案和服務——成為 IBM 智慧地球（IBM Smarter Planet）計畫的一部分，而根據 IBM 所言，這些專案也已經為公司創造了數十億美元的營收。

競賽：創新的戰利品

另一種證實有用的群眾外包形式，是將具有金錢性質的獎賞，頒給某個針對重要未解難題想出解決辦法的人。這樣的獎賞在科學和數學的領域中，歷來都是相當常見的作法。先前已經探討過史上著名的經度獎和價值 2 萬 5,000 美元的歐泰格獎，後者是法國飯店老闆雷蒙‧歐泰格（Raymond Orteig）在 1919 年提供給首位從紐約市直飛巴黎的人。為了爭取此獎，有六人死亡，數人受傷，最終是不被看好的查爾斯‧林白，開著聖路易斯精神號（Spirit of St. Louis）在 1927 年勝出。[8] 歐泰格獎為航空界帶來的投資，遠比獎金本身的金額還要多出

好幾倍，也為現代商務航空鋪了路。

更近期的獎金大獎也都成功地激發出創新並精進產品開發。對參與了許多像這樣競賽的人來說，誘因一半是來自金錢，一半是名聲。

受歐泰格獎啟發的大獎即是安薩里 X 大獎，X 大獎基金會（XPRIZE foundation）在 1996 年 5 月提供 1000 萬美元，要頒給首個民間資助的團隊，只要他們能在兩週內讓三個人進行兩次太空旅行就行了。設立這個大獎目的，是要鼓勵發展出低成本的太空船，是希臘裔美國企業家彼得·H·戴曼迪斯（Peter H. Diamandis）的獨特構想，而大獎原本被稱為 X 大獎，但之後由於科技企業家安如仙·安薩里（Anousheh Ansari）和阿米爾·安薩里（Amir Ansari）捐助了數百萬美元，因此重新命名為安薩里 X 大獎。[9] 為了拔得頭籌，投資在新科技上的金額逾 1 億美元。這個大獎最終在 2004 年 10 月 4 日由名為「太空船一號」（SpaceShipOne）的航空器奪得，設計太空船的是航太工程師伯特·魯坦（Burt Rutan），提供資金的則是微軟共同創辦人保羅·艾倫（Paul Allen）。這個大獎此後啟發了許多企業家，像是特斯拉創辦人伊隆·馬斯克（Elon Musk）、亞馬遜創辦人傑夫·貝佐斯（Jeff Bezos）、維珍集團（Virgin）創辦人理查·布蘭森，他們各自設立了公司，尋求讓太空旅行能創造利潤也能大量普及的方法。

2006 年 10 月 2 日，當時還是以郵購方式提供影片訂閱服務的 Netflix，宣布展開受 X 大獎所啟發的競賽，這場大賽經過了大肆宣傳，也代表科學大獎進入商業產品開發的領域了。任何人建構出的自動影片推薦演算法，只要效果勝過 Netflix 自家演算法至少一成，Netflix 將提供 100 萬美元的獎金。[10] 這次競賽原先預計會持續五年，每一周年會將 5 萬美元的「進步獎」頒給到那時為止競賽中成效最好的演算法。來自 186 個國家的數千個團隊報名參加。比賽開始六天後，在 10 月 8 日，名列第一的隊伍早已擊敗 Netflix 的演算法。過了 13 天，在 10 月 15 日，又有兩個團隊加入了第一隊的行列。這樣的結果讓 Netflix 大感意外，因為他們的機器學習團隊被認為是全球數一數二頂尖的。「我們以為自己打造出來的已經是有史以來最棒的了，」執行長里德・哈斯廷斯（Reed Hastings）說。多倫多大學（University of Toronto）的電腦科學教授傑佛瑞・辛頓（Geoffrey Hinton）並沒有感到太意外。「這家公司實際上是招募了機器學習社群中很大一部分的人，還幾乎沒花任何一毛錢，」他表示。競賽展開的三年後，在 2009 年 9 月 21 日，來自美國、奧地利、加拿大、以色列的統計學家、機器學習專家、電腦工程師組成的七人團隊——合併自兩個獨立的隊伍——贏得了 100 萬美元的獎金，以及附帶的炫耀權利。

2011 年 9 月，一群沒有受過醫療訓練的人，在一種愛滋病療法上做出了重要貢獻。有個愛滋病的難題讓科學家百思不得其解了 15 年，線上合作式遊戲 Foldit 的參賽者卻在 10 天內就破解了。多年以來，一個國際科學團隊都試著要建立一種切割蛋白酶的詳細分子結構，而這種在恆河猴身上發現的酶類似於愛滋病的病毒。如果能確定這種酶的結構，科學家就離設計出阻止病毒的藥物更進一步了。團隊的最後一搏就是把難題張貼到 Foldit 上，這是由華盛頓大學（University of Washington）開發的遊戲。[11] 簡單來說，這個遊戲是可以讓玩家試著解出和蛋白質分子結構形似的益智遊戲。遊戲不需要任何領域知識（domain knowledge），不過，當玩家想出任何比現有摺疊方式能量狀態更低的分子結構時，他或她的分數就會上升。「人有空間推理的能力，這是電腦目前還不太在行的部分，」Foldit 的首席設計師和開發者賽斯・庫柏（Seth Cooper）說。讓所有人都感到困惑的是，有個叫作「角逐者」（The Contenders）的團隊，沒有任何生化背景，卻能夠在數天內就解出恆河猴病毒的難題。獲勝隊伍的成員來自加拿大、美國、歐洲、紐西蘭，透過 Foldit 內建的聊天功能通力合作。只知道使用者名稱叫作咪咪（Mimi）的一位團隊成員，如此形容她想出解答的過程：

　　我用我們既有的選項研究了結構，發現如果「摺疊」的部分可以更靠近蛋白質的主要結構，結果會更好，但我試了自己單獨想出的解決方法後，無法成功。不過，我把同樣的方式套用在其他團隊成員努力想出的更完善解決方法後，就能成功摺進去，結果也證明了這就是答案。

　　華盛頓大學遊戲科學中心（Center for Game Science）的主任佐蘭·波波維奇（Zoran Popović）說：「Foldit 顯示了，遊戲可以讓新手搖身一變，成為能夠帶來傑出科學發現的領域專家。」

　　醫療領域的另一家公司也利用競賽打造出創新成果，這家公司就是大藥廠默克（Merck）。2012 年 8 月，默克舉辦了叫作「默克分子活性挑戰」（Merck Molecular Activity Challenge）的競賽，提供 4 萬美元的獎金，給能建構出最好演算法的團隊，演算法將用於預測分子成為有效藥物的潛力。參賽隊伍會獲得生物相關標靶的 15 組資料集，每組都包含數千種個別分子的化學結構資訊。比賽為期僅 60 天，但吸引了將近 3,000 隊參賽。率領獲勝隊伍的是多倫多大學的電腦科學博士生喬治·達爾（George Dahl）。達爾和他的團隊在沒有任何領域知識的情況下，僅花了兩個月，就發展出比產業基準還提高了 17% 的演算法。達爾的團隊之所以能得到

風險管理適用的外部洞見

Oi

chapter

11

2004 年，菲莉帕‧達布爾博士（Dr Philippa Darbre）引起了大眾對於對羥苯甲酸酯（paraben）的憂慮，這種人造化學物質作為防腐劑，用於美容、潤膚、除臭、洗髮、助曬的產品當中。達布爾在《應用毒物學期刊》（The Journal of Applied Toxicology）上刊出了一篇文章，標題是〈人類乳房腫瘤中的對羥苯甲酸酯濃度〉（Concentrations of Parabens in Human Breast Tumours），提出這種化學物質可能會致癌的看法。[1] 達布爾博士的研究受到一些大型美容與化

妝品公司所質疑，不過，在 2005 年，歐盟禁止了超過一定濃度標準的產品，根據的是由獨立諮詢機構消費者產品科學委員會（Scientific Committee on Consumer Products）所完成的風險評估。[2]

憑著良心處理這次爭議的公司是利潔時（Reckitt Benckiser），這家跨國消費品企業總部位於英國的斯勞（Slough），銷售據點遍布將近 200 個國家。該公司旗下擁有數個知名居家品牌，包括碧蓮（Vanish）、卡爾岡（Calgon）、諾洛芬（Nurofen）、亮碟（Finish）。考量到自家產品中成分的複雜程度，利潔時利用融文，監測網路上關於化學物質和健康的對話，而這些內容可能會影響該公司的品牌觀感。

利潔時回應大眾對於 paraben 擔憂的方式，是決定針對含有這種防腐劑的 64 種產品，重新打造配方、替換掉或中止生產。整個計畫在 2015 年年底完成，該公司的化學家和微生物學家這時候已經找到了可行的替代品了。

這可不是件易事。利潔時建立了網站，列出每個產品中的成分，也監測著像是社群媒體的外部資料來源，以便預測哪些成分有可能會成為消費者未來擔憂的話題。要改變量產居家清潔用品中的成分，從研發經由供應鏈一路到多個地區加工廠的成本相當可觀。因此利潔時在做出改變之前，得先好好評估對消費者和／或公司聲譽

的威脅才行。

利潔時成立了一個專案小組，成員包括研發部門、傳播部門、法務專家、永續發展代表、原物料專家，以便及時運用外部洞見，預測哪些成分可能會成為熱議話題，接著才能制定以這些成分為中心的行動計畫。「更好的成分」（Better Ingredients）這項專案是以從可公開取得資料挖掘出的外部洞見為基礎，建構出成分的監管模型，讓公司在該要採取行動時能先發制人。

專案的其中一環，是利潔時建立了「限用物質名單」（Restricted Substances List），為調製配方的人員提供可結合的各式各樣替代成分，才能打造出產品，也同時作為公司在這方面的溝通手段。[3] 專案小組每季開一次會，檢視外部資料來源揭露的趨勢，再提出建議。此舉一方面是為了未來不會被淘汰，一方面是要運用競爭優勢，因為該公司如果瞭解了關於產品成分的網路對話內容，就能在可能得採取行動時，及早做出決定。

因消費者對成分有所顧慮而導致人心惶惶的情況，paraben 爭議只是眾多這類事件的其中一例。引發爭議的不一定是會直接傷害消費者的化學物質，也有可能是消費者以負面眼光看待的某種成分，因為這種成分會對環境造成影響。舉例來說，現今有一份索引，列出有哪些公司使用了不永續的棕櫚油。

棕櫚油是一種可食用蔬菜油，來自生長在非洲油棕樹

上的果實。棕櫚油估計用於五成左右的超市包裝產品，也是人造奶油、餅乾、麵包、早餐穀片、泡麵、洗髮精、口紅、蠟燭、清潔劑、巧克力、冰淇淋的常見成分。

現今，85% 棕櫚油都是生產並出口自印尼和馬來西亞[4]，不過多數時候，棕櫚油生產的方式並不具有永續性，導致森林迅速遭到砍伐、棲地消失、社區受到破壞。許多人認為棕櫚園會減少紅毛猩猩的數量，並威脅其他馬來西亞和印尼原生卻瀕臨絕種的動物，像是老虎、犀牛、大象。世界資源研究所（World Resources Institute）估計，在 2000 年到 2012 年期間，印尼失去了逾 600 萬公頃的原始森林，等於是英格蘭大小一半的區域。[5] 為此，許多企業被迫考慮要採用棕櫚油的替代品，或是研究出以更環保的方式生產棕櫚油。下面以 2016 年 4 月關於棕櫚油新聞與媒體報導製作出來的文字雲，清楚說明了大眾主要關切的話題。

奈及利亞新聞部 plantation earnings 種植園收益
nigerian news desk snacks 零食 Greenpeace ap 綠色和平澳太
食物 food 未加工 crude indonesia bars 印尼禁令 moratorium 暫緩
砂拉越種植園 sarawak plantation solidarity with palm oil workers 森林濫伐 sarawak 砂拉越
阿史坦納 asteiner indonesia 印尼 kerosene deforestation recovery 回復
破壞環境棕櫚之油 killerpalm oil 棕櫚油 煤油 棕櫚 桂離瓦 環境 noderestation 不要濫砍森林
價格回收 佐科威 jokowi palm oil 油 palm env killerpalm 破壞環境棕櫚
price recovery 蔬菜油 veg oils animal 動物 oil pepsico palmoil boost sarawak 宣傳砂拉越
要森林不要大火 forestsnotfire 油價 oil price 油政策 crude palm 未加工棕櫚 indranooyi 盧英德
radarngr oil policy malaysian 馬來亞人 plantation boon 好處 petrol 汽油
馬來西亞 malaysia takepart 參與 malaysian palm 馬來西亞棕櫚
聯合利華 unilever orang-utans forests 森林
orangulandtrust plantations 種植園
紅毛猩猩棲地信託

括了政治穩定程度、合同效力、社會正義、刑事司法系統、貪腐以及輕罪情形。分數如果是 5 的話，表示客戶應謹慎行事，並讓榛木樹的人員一路陪同。

「綁架真的算是一門生意，我們也盡力以這種觀點來看待它，」凱普蘭說。榛木樹的每件案子都會使用到資料，以便加速分析過程。「我們在 2015 年 2 月有一起案子，是對方綁走了整個巴士的輪班工人，他們才剛從採擴地點離開而已。總共有 19 名人質。」公司接到綁匪打來的電話，他們稱自己隸屬於某個犯罪集團。榛木樹的探員認為這是個好現象，因為這個集團被認為是會談判的內行人士。

「我們開始利用資料來源、推文、攔截的訊息、一些新聞報導，以及所有其他會放進演算法裡頭的其他情報，」凱普蘭說。

我們發現了這個犯罪集團也顯示：「等等，我們幾年前就［把綁匪］除名了，因為他是個神經病，只是當地的一個惡棍罷了。」但因為有這份資訊在手，我們立刻改變了應對模式。我們告訴綁架犯，如果他想在這個情況下得到什麼好處的話，最好不要傷害任何人，他便立即釋放了 12 名俘虜。接下來的三天，他釋放了所有人。我們之所以能夠救到人，是因為擁有即時更新的資料。

◎ 追蹤關鍵客戶的健康狀態

　　所謂的風險，當然披著各種樣貌，也未必像人質談判那樣充滿高張力。許多公司企業的一件重要任務，就是要隨時掌握關鍵客戶的狀況。尤其對非常依賴少數幾個基礎客戶的公司來說，這點格外重要。

　　在追蹤客戶的健康狀態時，外部洞見會非常有用。透過新聞與社群媒體，便可辨識出客戶方的新發展，比如說裁員消息、策略改變、其他重要事件。研究徵才公告，就能評估客戶投資的步調。舉例來說，假如徵才公告突然都消失的話，就是相當重大的警訊了。令人不安的其中一種發展可能是客戶被人控告。透過網路新聞、社群媒體或直接經由線上的法院文件，就可以察覺出類似這樣的發展。

　　有時候，要留意的風險是只有某個產業才會出現的情形。先前提到的 paraben 例子，說明了成分帶來的風險如何影響消費者的偏好。客戶如果身處金融服務產業，追蹤政府頒布的規定可能就很重要了，因為規定的變更可能會不利於公司的競爭態勢。電子公司特別容易受消費者反應所影響，因此，比如說及早瞭解新產品上市的情況，將能有效評估出未來的績效。

　　運用外部洞見，公司企業就能仔細留意關鍵客戶會出現的不安發展。好好檢視外部資料，就能偵測到早期警

訊，如此一來，若不幸發展真的出現時，就能擁有更多
應對的時間。

供應鏈與合作夥伴

另一個可以運用外部洞見偵測風險的地方，就是供應
鏈和其他合作夥伴關係。同樣地，假如你的組織有很大
一部份的供應鏈是依靠特定的供應商，很容易就有可能
受到影響。**追蹤第三方資料**——比如進出口資料——可
以提供極大優勢，確保供應鏈中沒有任何公司出現可能
會影響生產的問題。據估計，蘋果的供應商遍布 22 個
國家以上，涉及了上百家不同的工廠。這可是巧妙維持
著平衡的極為複雜生態系統。假如出現了一點差錯——
譬如矽酸鹽雲母礦短缺，對電子產業來說，這種礦物在
製造設備中的電子絕緣體必不可少——那麼可能就會危
及整個生產流程。因此，為了要避免代價高昂的差錯，
隨時掌握供應鏈中的關鍵公司極其重要。就此來看，外
部洞見在許多情況下都相當有用，可以在事件的消息從
正式管道一點一滴透露之前，就先在開放網路中捕捉到
可取得的相關資訊。

密切關注合作夥伴也相當重要。股東和立法者目前日
益嚴格監督的環節，就是工作條件，尤其是童工的工作
環境。還是舉蘋果為例，該公司在 2013 年公布的一份

稽核報告中顯示，2006 年到 2013 年的期間，曾有 349 名童工在其供應鏈的工廠中工作。[6]這種採行透明化的方式，能大幅提升企業聲譽，不過需要公司組織深入供應鏈當中，才能對二階與三階的供應商進行評估。

作為補償措施，蘋果只要發現有供應商雇用童工，就迫使對方資助他們的教育，且直到完成學業以前都要持續給付工資。包含沃爾瑪、Hanes、彪馬（PUMA）、愛迪達（Adidas）、迪士尼（Disney）在內的多家企業，都曾因為供應商的惡劣工作環境而遭受指控。這些第三方供應商多數時候都離企業總部有數千哩遠，而其所發出關於工作方式的聲明也都證明並非真實情形。外部洞見可以用來追蹤這些供應商的聲譽和運作方式，確認勞工是否真的有受到公平對待。

除了公司的道德問題以外，這類醜聞也會對公司形象造成重大衝擊。如果你最終將會被捲入不幸的狀況當中，肯定會想儘早得知消息，而這就是外部洞見寶貴之處了。

瞭解你的客戶（KYC）

2012 年，英國市值最高的兩間銀行——滙豐銀行和渣打銀行（Standard Chartered），與美國當局就洗錢指控達成和解協議，同意支付 26 億美元的罰金。[7]渣打的 6.67

億美元罰金和滙豐的 19 億美元罰金，是任何金融機構因被指控違反制裁政策，而繳交給美國當局的歷來最大一筆罰金。

　　滙豐被指控從交易中刪除可確定為與伊朗有關的客戶細節，此舉可能會讓銀行違反了美國的制裁規定。據傳滙豐也將數百萬美元的現金，從墨西哥分行運至美國境內的分行，而美國當局也曾因擔憂而向滙豐提過，如此龐大的金額只有可能是出自非法的毒品交易。

　　滙豐執行長史都華．格列佛（Stuart Gulliver）表示：「我們會承擔起過往錯誤的責任。我們曾表示，我們對此深表歉意，現在仍深感抱歉。如今的滙豐和曾犯下那些錯誤的滙豐，已經是徹底不同的組織了。」[8]

　　全球各地都有銀行因為不遵守反洗錢規定而處以罰金。在有些違反規定的案例中，是因為出現了不誠實的行為；其他案例則是因為針對有問題客戶進行調查的過程中，有所疏忽才導致出現違規行為。根據「洗錢防制」（anti-money-laundering，AML）和「瞭解你的客戶」（Know Your Client，KYC）的嚴格規範來調查客戶，相當花錢又費時。外部洞見可用於將許多需要調查新客戶的過程自動化，並產生年度通報書。針對新聞、社群媒體、企業客戶、交易資訊的分析，可用來找出可疑的資金來源，並找到所謂高知名度政治人物（politically exposed person）的相關人士。

◎ 主動維權派投資者

　　2016 年 1 月 6 日，主動維權派投資公司 Starboard Value LP 寄了第三封措辭嚴厲的信給雅虎的董事會，宣稱「投資人皆已對管理階層與董事會失去所有信心」。[9] Starboard 執行長傑夫·史密斯（Jeff Smith）認為，雅虎的領導階層「持續破壞價值」，需要新的執行領導團隊和新的董事會，「能夠以開放心態和新穎觀點處理公司所面臨的困境」。

　　Starboard Value LP 是以強硬手段聞名的著名主動維權派股東與避險基金公司。傑夫·史密斯在橄欖園餐廳（Olive Garden restaurant）母公司達登餐飲公司（Darden）的年度股東會中，打贏了委託書爭奪戰（proxy contest），撤換了每一位董事會成員，並任命自己為董事長。

　　2016 年 4 月，雅虎被迫同意將四席董事交給 Starboard[10]，為這個主動維權派投資者打算要奪取整個公司董事會的行動劃下句點。雅虎之後則被迫尋找收購公司，而在 2016 年 7 月，公司宣布了威訊（Verizon）將以 48 億美元的現金，收購這家曾是網路巨人的公司。[11]

　　橄欖園和雅虎並不是被這類投資者盯上的唯二公司。愈來愈多公開發行公司受到投資人的施壓，因為這些投資者想為公司制定新的議程或走向。迅速在 Google 上

搜尋一下，就能找到以下這些主動維權派投資者的新聞：

- 「主動維權派投資者表示海洋世界（Seaworld）需要新董事會成員。」
- 「威朗製藥（Valeant）撤換執行長並讓主動維權派投資人比爾‧艾克曼（Bill Ackmann）加入董事會。」
- 「主動維權派投資者繼續拿性別平等議題讓亞馬遜難堪，也把箭頭指向微軟和智遊網（Expedia）。」
- 「歐特克（Autodesk）選擇與主動維權派投資者和平共處。」
- 「勞斯萊斯屈服於壓力，讓出一席董事給主動維權派投資者。」
- 「聯合航空（United Airlines）與主動維權派投資者展開混戰。」
- 「梅西百貨（Macy's）能否擊退主動維權派投資者呢？」

2014 年 6 月，《金融時報》（Financial Times）引述德拉瓦州（Delaware）——美國大型公司多數都登記在此——首席大法官里歐‧史特萊恩（Leo Strine）的

話，表示有些股東會已經成了「常態的『模擬聯合國』
（model UN），由於投資人提出要為無足輕重的各種
議題進行公投，管理階層一而再再而三被這些公投打斷
會議過程。」。[12]

　　沒有人能免受來自主動維權派投資者的風險。不過，
外部洞見可以用來協助評估風險，盡早針對需要擔心的
活動，發出通知。要做到這點，其中一種方法就是密切
關注社群媒體和網路新聞上的討論。另一種方法則是可
以追蹤知名主動維權派投資者的股權買賣情形，這麼一
來，假如他們真的要大舉入侵，你會事先就得到警告。

　　風險管理的工作經常集中在大部分的內部程序上。外
部洞見這件強大工具也能用於瞭解與外部因素相關的風
**險。涉及品牌的危機、關鍵客戶出現的問題，或是供應
鏈或其他重要合作夥伴出現的爭議，全都可以利用外部
洞見，在早期就偵測得知。**這讓公司能有時間準備，採
取行動，盡可能避開即將出現的困境。

投資決策適用
的外部洞見

Oi

chapter

12

阿卡德創投（Akkadian Ventures）是一家總部位於舊金山的專業創投投資公司，專攻小規模次級交易，為私人科技新創公司的創辦人和早期員工創造流動性。該公司利用專屬軟體，追蹤符合其投資標準——營收逾 2,000 萬美元、年成長率介於 75% 到 100% 之間——的 1 萬 4,000 家公司。

「我們想搶先投資全球各地像 Uber 那樣的公司，遠早於誰都知道他們就是 Uber 之前，」創辦人班‧

布萊克（Ben Black）說。「如果《華爾街日報》裡有文章寫說『此公司擁有 1 億美元的營收，年成長率為100%』，對我們來說，一切就結束了。」

布萊克曾在傳統創投公司工作了數年，直到在 2009年左右，幾個朋友找上他，請他賣掉他們在科技公司的資產，因為他們需要流動性資產。布萊克幫忙處理了數筆 500 萬到 1,000 萬美元之間的交易，然後某天，有第三方聯絡了他。這個人已經擔任知名軟體公司的技術長超過十年，公司營收為 3,000 萬美元。照理說，他擔任技術長的薪水有 500 萬美元，但他卻沒有錢，因為他還住在學生公寓裡，身上背著學貸。這位技術長解釋說，他想訂婚，為此他得賣掉一些股票。但總值僅 50 萬美元。

「這是很尷尬的金額，」布萊克告訴對方。「一個有錢傢伙要寫支票的話，這個數字太大了，但對機構基金而言又太小了。」布萊克解釋說，如果這位技術長真的想談成這筆交易的話，會花上很多功夫，可能也包括了要請十個有錢的人，每人寫一張 5 萬美元的支票。為了讓買家有興趣，布萊克提議要以他認為當時該股公不市價的 67% 出售股票。技術長愉快地同意了。

這就是布萊克靈光一閃的時刻。他發覺在次級股市有商機可尋，困難之處在於要找到交易，而這既艱難又耗時。布萊克看出自己得編寫軟體，找出那種他應該能進

行交易的公司，「並讓我能以聰明又快速的方式找上交易對象。」

成立於 2010 年的阿卡德創投，採用了以資料為基礎的專屬調查方法，讓公司能瞭解矽谷最炙手可熱新創公司的發展，決定要預先核准那些公司的投資計畫。

阿卡德創投使用**網路爬蟲**（web crawler），挖掘可公開取得的資料，尋找與私人公司營收成長呈高度相關的資料點。這類資料點的例子像是：公司募集了多少資金？又是從哪裡募集而來？募集的速度有多快？公司有多少員工？又有多少員工離開公司了？公司的客戶流失率是多少？公司網站張貼了多少徵才公告？有多少人在追蹤公司的推特？LinkedIn 的連結有多少？臉書有多少朋友？「所有這些資料都非常有意思，」布萊克說。「基本上，我們涉獵的範圍就是從前 150 大創投公司募得至少一輪資金的任何一家公司。」

阿卡德的軟體也用於尋找目標公司的個人股東。阿卡德分析源自 LinkedIn 的資訊後，可以辨識出一間有趣新創公司的頭 15 或 20 名員工。這些就會是持有多數股份的人，也會是最吸引布萊克投資公司的潛在客戶。阿卡德的演算法也懂得股票什麼時候會出現出售的機會。「某些時刻會讓人想出售股票，」布萊克解釋說。「可能是某個高階主管遭人取代，或是某間公司被人買走。我們的軟體分析了新聞和社群媒體後，會自動通報這類

情況，協助我們瞭解次級市場提供的股票數量。」

　　布萊克和阿卡德以這種創新方式進行風險投資，一直以來都非常成功。在 20 間投資組合公司當中，該公司就有七家公司成功出場，其中五家首次公開發行（Splunk、Rocket Fuel、RingCentral、Opower、Convio），兩家是收購對象（Ooyala 和 Medio Systems）。2014 年 10 月，阿卡德第三次為基金收盤，目前名下管理的基金逾 1 億美元。[1]

⬚ 母腦的智慧

　　外部洞見在風險投資中的角色日益吃重，這樣的跡象在歐洲也能看到。歐洲投資巨擘 EQT 在 2016 年 5 月宣布，他們已經募集到 6.32 億美元的投資基金，將部署在歐洲市場，而為他們提供協助的是一款機密的專屬軟體系統，稱為母腦（Motherbrain）。[2]

　　他們祕密武器名稱的靈感來源，是 SEGA 公司 1989 年打造的電腦遊戲《夢幻之星 II》（Phantasy Star II）中的智慧電腦系統與虛構角色，母腦（Mother Brain）。根據《夢幻之星 II》的維基，「母腦」將自己定位為良善的一方，「實現它所保護之人的所有夢想和渴望。」要不是製作遊戲的幕後人員相當認真嚴肅，這聽起來可說是相當幼稚。1994 年成立的 EQT 是歐洲最

大的其中一間投資公司，名下管理的資金將近 320 億美元。EQT 為了統籌新的投資計畫，和歐洲最成功的幾位科技企業家合作，像是 Booking.com 前執行長兼創辦人的荷蘭人凱斯・庫倫（Kees Koolen）。他從 2012 年起擔任 Uber 的顧問，讓公司向國際擴張，不過在 2015 年下旬，就成了 EQT 創投的創業夥伴。EQT 執行長湯瑪斯・馮・科赫（Thomas von Koch）非常清楚地表示，這家新科技創投基金具有遠大抱負。「今日的歐洲有創業投資基金，不過規模都很小，」馮・科赫說。「每到了 B 和 C 輪時，就變成是舊金山那裡在提供資助。這對歐洲和公司來說都很危險。EQT 可以透過投資組合，讓一家公司從 0 美元提高到 400 億美元。我們想在歐洲創造投資的動力來源。」

　　EQT 的母腦是全公司適用的計畫，協助進行所有基金上的投資。演算法的詳細運作方式並沒有公開，不過據瞭解，這項工具從至少 20 個網路來源蒐集資料，比方說新創公司資料庫的 Crunchbase、測量網路流量的網站 comScore，還有像是臉書和推特的社群媒體。

　　據說母腦也利用了 EQT 投資組合公司 Bureau van Dijk 的資料，這家公司追蹤了世界各地超過 1.6 億間公司的財務資料。追蹤的目的就是要找出哪些公司展現了集客力——還要搶先在其他任何人之前注意到。

◌ 把社群媒體當作一支股票「未來股價」的領先指標

　　阿卡德和母腦在做出投資決策時，都依賴著的一種重要資料類型，就是社群媒體。顧問公司博然思維集團（Brunswick Group）在 2010 年向超過 448 位投資者進行一項調查，43% 表示他們在進行投資決策時，社群媒體已經成為重要的決定性因素了。為什麼呢？假如市場具備透明資訊系統，每個投資者都會收到關於公司的一切資訊——報告、揭露、新聞稿——而且是立即就收到。但在現實世界裡，這樣的資訊只有偶爾才能取得，永遠只會有 12 份每月銷售報告或 4 份每季損益表。相較之下，社群媒體能產生即時的外部資料，可以用來預測股價走勢的資訊。

　　社群媒體適合用於具有遠見的分析。它們可以用高頻率的方式（每天或甚至每小時）進行監測，而顧客在網路上研究產品時，就會偶然找到像他們一樣的顧客所留下的意見和評論，並受到他們看到的內容所影響。某個吸塵器因為吸力強而收到幾十則正面評價，或是家長回報說小孩很快就對某個玩具失去了興趣，產品的銷量會根據眾人的意見而隨之起伏。

　　一篇標題名為〈網路討論真的重要嗎？使用者自創內容與股票行情之動態關係〉（Does Online Chatter Really Matter? Dynamics of User-Generated Content and Stock Performance）的論文，由休士頓大學的謝夏德利‧提魯尼萊（Seshadri Tirunillai）和洛杉磯南加州大學的傑拉德‧J‧泰利斯（Gerard J. Tellis）在 2011 年共同撰寫，檢視社群媒體間的閒談討論是否和股市行情有關。[3] 兩位作者選擇拿網路情感和股市行情來比較，是因為他們覺得這是高階主管努力想達成的最真實衡量方式：股東價值（shareholder value）。

提魯尼萊和泰利斯選擇的社群媒體內容屬於非常特定的類型——產品評論和產品評價——這是因為他們認為這些資料類型中的雜訊會比部落格、影片、社群媒體網站來得少。評論和評價會反映出特定的意圖，也因此這些內容比其他更普遍的來源要更清楚明確。

接著，他們從 15 家公司每天蒐集資料長達四年。選中的六個市場是：個人電腦（惠普和戴爾））、行動手機（諾基亞和摩托羅拉）、個人數位助理／智慧型手機（RIM 和 Palm）、鞋類（SKECHERS、Timberland、耐吉）、玩具（美泰兒，〔Mattel〕、孩之寶〔Hasbro〕、跳跳蛙〔LeapFrog〕）、資料儲存（希捷科技〔Seagate Technology〕、威騰電子〔Western Digital〕、晟碟〔SanDisk〕）。

從 2005 年 6 月到 2010 年 1 月，客群廣大的三個媒體平台——亞馬遜、Epinions.com、雅虎購物（Yahoo

Shopping）——成了每日運算分析的對象，分析方式是計算評分的數值、每天張貼評價的多寡（或是數量，volume），並評估內容是正面還是負面（也就是效價，valence）。

團隊發現，在研究的所有衡量標準當中，「討論數量」（volume of chatter）具有最強的效果，會影響超額報酬和成交量。不意外的是，數量的大小可能會直接受實體行銷所影響——增加正面討論的數量，減少負面的數量。

在該論文中，提魯尼萊和泰利斯發現，社群媒體是預測未來銷量、現金流、股市行情的良好指標。當某個產品在網路上討論得愈熱烈，就愈容易影響其在股市上的表現。

◌ 機器人來了

隨著要分析的資料量在數量和複雜度上都有所增長，人工智慧和機器人便開始加入了企業的行列。2014 年，香港生命科學創投公司深智慧創投（Deep Knowledge Ventures）指派名叫 VITAL 的人工智慧系統為投資董事會的一員，讓它在未來每個投資決策中都擁有投票權。

2016 年 8 月，融文在倫敦秀爾迪契區（Shoreditch）的資料科學共同工作空間舉辦開幕活動，其中的辯論大

會就討論到了這件事，當時，元盛資產管理公司（Winton Capital）資深策略副總語帶詼諧地表示，元盛資產的每張票都是電腦投下的。元盛資產是歐洲最大的避險基金之一，名下管理著 300 億美元。元盛投資的方式是採用演算法，400 名員工當中有 200 位是資料科學家。元盛官網的首頁上便大致描繪出他們的投資理念：「元盛的投資管理方式，主要是將整個投資範圍視為大量資料，我們可在其中找出具有一定程度可預測性的模式與結構。」[4]

根據史帝芬・陶布（Stephen Taub）在 2016 年 5 月為避險基金業線上期刊《機構投資人阿爾法》（Institutional Investor's Alpha）撰寫的文章，人工智慧專家同時也是量化避險基金度思投資（Two Sigma Investments）創辦人的大衛・席格（David Siegel）預料，**電腦總有一天會成為比人類更厲害的投資者**。[5]「投資世界所面臨的挑戰，是人的頭腦並沒有比一百年前要厲害到哪裡去，而要一個人使用傳統方式，在腦中同時處理全球經濟的所有資訊，是非常困難的事，」陶布表示。「終有一天，不會再有人類的投資經理打敗得了電腦。」

陶布的預言指的並不是發生在遙遠未來的事，而是現在正逐漸在我們眼前成形的現象。根據《機構投資人阿爾法》列出的 2016 年避險基金富豪榜（Hedge Fund Rich List），在全球收入最高的避險基金經理人當中，

排名	投資者	類型	公司	收入
1	肯尼斯・葛里芬 Kenneth Griffin		堡壘基金（Citadel）	11.6 億歐元
2	詹姆斯・西蒙斯		文藝復興科技	11.6 億歐元
3	雷蒙・達利歐 Raymond Dalio		橋水聯合避險基金 （Bridgewater Associates）	9.58 億歐元
4	大衛・泰珀 David Tepper	人腦	阿帕盧薩管理 （Appaloosa Management）	9.58 億歐元
5	伊色列・英格蘭德 Israel Englander		千禧管理 （Millennium Management）	7.88 億歐元
6	大衛・蕭 David Shaw		德劭基金（D.E. Shaw Group）	5.14 億歐元
7	約翰・歐佛戴克 John Overdeck		度思投資	3.42 億歐元
8	大衛・席格		度思投資	3.42 億歐元

資料來源：《機構投資人阿爾法》

前三名全都是「寬客」（quants）：意即大量依靠電腦系統進行投資的經理人。前八名當中，只有兩位（！）經理人採用傳統方法，也就是決策是根據人為分析的結果。

　　只要仔細研究過全球頂尖基金經理人的出身背景，就會浮現出一個很明顯的模式。原來在華爾街收入最高的那些人當中，有一位前數學教授、一位前電腦科學教授、一位前數學奧林匹亞代表、一位有麻省理工電腦科學博士學位的人工智慧專家。原來榜單上有一半的人最初都是數學奇才，是後來才成為了投資人。

◌ 打敗市場的公式

　　華爾街中最有名的數學奇才就屬詹姆斯・西蒙斯

（James Simons）了，這位留著白鬍子的友善男人很討厭襪子。西蒙斯在 1958 年於麻省理工學院獲得數學系的理學學士學位，並在 23 歲時拿到加州大學柏克萊分校的數學博士學位。他畢業後，先後在麻省理工和哈佛教數學，才加入了普林斯頓的國防分析研究所（Institute for Defense Analysis），於冷戰期間承接國家安全局（National Security Agency，NSA）外包的解密工作。西蒙斯公開質疑國安局在越戰中扮演了主導的角色（他強烈主張要撤軍），於是被開除，最後成為紐約石溪大學（Stony Brook University）的數學系主任。

在科學圈裡，西蒙斯是活生生的傳奇，以共同創建了「陳－西蒙斯方程式」（1974 年）而聞名，這是現代理論物理中最重要理論之一的一個重要元素，這個理論叫作弦論（String Theory）。此理論致力要將愛因斯坦的廣義相對論和量子物理結合，建構出能統一說明重力與粒子物理的理論，成為「萬物之理」（the theory of everything）。西蒙斯因他的成就，獲頒美國數學學會（American Mathematical Society）的奧斯瓦爾德·維布倫獎（Oswald Veblen Prize）——這是幾何學方面的最高榮譽。在西蒙斯漫長的一生當中，他還為科學做出了許多其他的重要貢獻。他 75 歲大壽時，四位傑出的美國數學家和科學家在演講中，提到了他所推動發展的知識領域。

　　儘管西蒙斯的學術成果斐然，他今日最出名的身分仍然是名投資人——事實上，還是其中的佼佼者。1982年，他成立了「文藝復興科技」（Renaissance Technologies），這家投資管理公司是根基於相信數學和統計學可以用來做出能打敗市場的交易決策。文藝復興公司是早期的一間演算法交易基金，事業也格外成功。根據彭博社在 2015 年 6 月 16 日刊出的一篇新聞文章，1994 年直到 2014 年年中，該公司的招牌基金大獎章（Medallion）扣除手續費前的年報酬率平均達 71.8%（！）。[6] 文藝復興科技異常高的報酬率，讓西蒙斯得以向他的投資人開口要異常高的手續費。一般避險基金的手續費，是收取公司管理的總資金 2% 和獲利的 20%。西蒙斯的基金分別收取 5% 和 47%。這卻沒有停止資金的挹注。文藝復興科技目前名下管理著 650 億美元，也是全球最大也最成功的其中一間避險基金，讓西蒙斯躋身為全球最有錢的人之一。光是在 2015 年，他就賺了 17 億美元，而根據富比士，他的身價（在 2016 年 8 月時）達 165 億美元。[7]

　　西蒙斯的經營之道，是雇用沒有金融背景的卓越科學家。他雇用了幾位全球最頂尖的物理學家、天文物理學家、統計學家、電腦科學家。文藝復興公司估計有 300 名員工，約九成都擁有博士學位。在從未有過交易經驗的情況下，西蒙斯的科學家團隊蒐集了大量資料，運用

數學和科學，打造出可以利用潛藏模式打敗市場的演算法。西蒙斯的非正統手段和異常成功，更改變了華爾街股市和其他工具交易的方式。如今，華爾街的所有股票交易中逾七成都是由機器人進行交易。

文藝復興公司並未公開他們是使用哪些資料來分析，不過專家將文藝復興的成果歸功於「發生在金融與經濟現象邊緣事件」資料的廣度。有件事實則透露出另一條關於文藝復興成功祕方的線索，也就是當西蒙斯在 2009 年辭職不再經營公司時，指派了彼得·布朗（Peter Brown）和羅伯特·默瑟（Robert Mercer）兩位計算語言學家，共同經營公司。計算語言學是研究讓電腦理解文本的跨領域學科。這暗示了文藝復興公司成功祕方的關鍵在於分析文本的能力，也點出了該公司運用在交易上的資訊優勢，是透過即時分析大量文本的資料集打造而成。

根據這些詮釋，我要來大膽推測一下。為文藝復興公司帶來驚人成果的其中一個因素，有沒有可能就是他們**系統性地運用埋在外部洞見之下的豐富資訊**？開放網際網路是文本最大的資料集之一。技術上來說，它非常難以挖掘，因此無法充分利用。文藝復興公司擁有無可匹敵的世界級科學家團隊，比誰都還要有能力可以解決這個問題，而藉由萃取沒有人能找到的洞見，他們就能創造出或許可以解釋較高報酬率的資訊優勢。當然，這純

粹只是我個人的臆測罷了，不過本章稍早也探討過，提魯尼萊和泰利斯已經在 2010 年證明了社群媒體是預測未來銷量、現金流、股市行情的良好指標。當某個產品在網路上討論得愈熱烈，就愈容易影響其在股市上的表現。而文藝復興公司身為華爾街最懂得運用資料的一間公司，肯定在這項事實變得人盡皆知之前，早就察覺到了……。

先前在本章也看到了，外部洞見在投資決策中的地位日益重要。在創業投資的世界裡，美國的阿卡德、歐洲的母腦、亞洲則有公司指派專門系統 VITAL 擔任董事，都顯示出這是全球趨勢。外部洞見也很有可能在專屬演算法中扮演要角，而這些演算法主宰著今日公開發行股票和金融工具的交易。

現今的專業投資者都是高度發展的科技公司，雇用數學奇才和科學家為員工。相較之下，企業投資決策通常遠遠不及這些發展，並在分析資料和嚴謹部署演算法這兩方面大幅落後。

公司企業向專業投資者學習，在投資公司資源時，可以讓投資報酬率最佳化。舉亞馬遜為例，該公司使用一種先進科技，即時追蹤並最佳化使用者轉換率。Netflix則使用最尖端的機器學習，根據使用者的觀影紀錄推薦影片。利用外部洞見建立競爭基準，公司企業就能以同

樣的嚴謹方式，打造最佳的投資策略，可適用於廣泛的
競爭場域，像是建立品牌、顧客滿意度、產品。

　　就如同演算法模型讓股票和金融工具的公開交易改
頭換面了一番，企業投資決策也將步上同樣的道路。企
業決策者將能隨時運用先進軟體，用來即時分析各種情
境，並根據公司的目標，即時選擇出最佳的投資策略。
接下來幾章將更深入探討這個軟體的基本組成，以及外
部洞見未來將帶來的其他相關事物。

4部

外部洞見的未來

Outside Insight

全球各地真的有上千家公司，正用各式各樣的方法，努力要解決這些問題。多虧了雲端運算能力的大幅進步和機器學習的不斷創新，將外部洞見的潛力發揮到極致的可能性，比以往都還要來得高。

新軟體類型
的誕生

Oi

2011 年 12 月的第一週，融文的高階主管團隊在巴塞隆納（Barcelona）舉行策略會議。我們坐在 W 飯店的地下會議室，努力制定出公司的五年計畫。最一開始，我們試著建立起關於全球未來走向的討論主軸。我們認為，只要對我們身處的產業將如何發展有所共識，思考融文要如何才能融入其中，就會容易許多。

地下會議室是個昏暗潮濕的地方，沒有自然光或新鮮空氣，而再經過兩天激烈的討論後，我們全都滿懷感

激地蹣跚走進西班牙的陽光之中。我們激烈爭論了一番後，得到的結論是五年後，也就是到了 2016 年年底，將會出現全新的軟體類型。我先前在本書也說明了，這種軟體之於外部資料，就如同商業智慧（BI）之於內部資料。憑藉著強大的資料科學和自然語言處理，它將會分析徵才公告、社群媒體、新聞、專利申請書、法院文件、公司網站、各式各樣的其他資料類型。藉由將散布在廣泛外部資料來源中的各點串連起來，它將會建立出在競爭、客戶、整體產業方面上極為有用的情報，其精細程度前所未見。我們稱這個正在成形的軟體類型為外部洞見。

我們滿懷熱忱，開始夢想著這個新軟體類型將如何讓企業決策改頭換面。ERP（企業資源規劃）和 BI 讓公司在做決策時，轉而根據所有營運資料，採取資料驅動的嚴謹方式。外部洞見將會把這種方式，延伸到影響公司未來發展的所有外部因素上。只要用對了軟體，就能即時評估外部因素將帶來的影響，並將五力分析實際運用在儀表板和即時警報上。

這次的策略會議結束後，融文便將整間公司投入打造這個軟體的五年計畫當中。計畫一開始是花費數年重寫我們的整個資料平台。而為了要把廣泛資料類型中的各個相關點串連起來，接著則需要開發資料科學的部分。為了彌補融文本身專業的不足之處，公司收購了五、

六間專業科技公司。這項軟體產品的第一版預計將在
2017 年第二季上市。

外部洞見軟體負責處理接納決策典範時碰上的技術
困難，這個典範即是本書第二部所介紹的同一個典範。
要理解外部資訊可以提供具有遠見的珍貴洞見，就概念
上來說相當容易，但是，要處理可在網路取得的大量資
料，並濃縮成可實際運用且實用的洞見，可不是件易
事。

除了資料量以外，要利用外部資料的挑戰在於，分析
起來遠比內部資料還要困難得多。內部資料通常是結構
化資料，特點是由數字組成。相較之下，外部資料非結
構化，特點是由文本構成。分析數字是電腦非常在行的
事，不過，要用電腦分析文本就困難了許多。而在網路
上找到的文本具有各種的文體和格式讓情況更為複雜。
推文、徵才公告、新聞文章、專利申請全都是文字文件，
但在風格、文法、甚至是拼法上都相差甚遠。再加上還
要以前後一致的方式整合全世界所有語言的洞見資料，
從如此複雜的工作內容就能看出，要分析這樣的資料有
多具挑戰性。

隨著外部洞見的重要性愈來愈受到認可，就會需要極
為專業化的軟體，可以將外部洞見從遠見化為實際的實
作。**這樣的軟體具備精通分析文本的能力。這樣的軟體
可以克服網路資料中的雜訊，能夠整合來自各種語言的**

內部資料	外部資料
結構化	非結構化
整齊	雜亂
數字	多為文本

外部資料的性質與內部資料天差地遠。如果要分析外部資料，就需要採用一套完全不同的科技軟體。

洞見資料，也可以將橫跨許多外部資料類型中的各點串連起來。 就如同管理和分析內部資料的需求激發了 BI 和 ERP 的成長，管理和分析外部資料的需求也會讓外部洞見的開發，突飛猛進成一套無所不在的次世代決策軟體。

⬡ 歷史會重演

研究甲骨文公司的發展過程，可以看出外部洞見軟體類型如何逐步成形的珍貴線索。甲骨文一開始只擁有可以蒐集並儲存內部資料的資料庫。由於對更精細功能的需求不斷演進，甲骨文加入了工作流程、商業邏輯、視覺化、分析工具，才能應付公司不同職務的特定需求。

為了迎合日益增長的需求，甲骨文展開了積極的大肆收購。2004 年到 2016 年期間，甲骨文完成了超過 20 件策略性收購案，總值 450 億美元。[1]

甲骨文的首次收購案，就是以 100 億美元惡意收購

甲骨文 2004 年到 2016 年的重大收購時間軸

2004 年	仁科	103 億美元	人資
2005 年	希柏系統	58 億美元	客戶關係管理
2005 年	全球物流科技 Global Logistics Technologies	未公開	供應鏈類型
2006 年	Portal Software	2.2 億美元	帳務與營收管理
2006 年	Stellent	4.4 億美元	企業內容管理
2006 年	MetaSolv Software	33 億美元	維運支援系統
2007 年	Hyperion	33 億美元	維運支援系統
2007 年	Agile Software	4.95 億美元	產品生命週期
2008 年	BEA Software	85 億美元	中介軟體
2010 年	昇陽電腦 Sun Microsystems	74 億美元	伺服器、Java、MySQL
2011 年	RightNow	15 億美元	客戶關係管理
2011 年	Endeca	10 億美元	電子商務、搜尋與顧客經驗管理
2012 年	Taleo	19 億美元	人資
2012 年	Vitrue	3 億美元	社群行銷
2012 年	Eloqua	8.71 億美元	行銷自動化
2013 年	Acme Packet	21 億美元	可在不受信任網路和無線上網中提供語音與資料服務的網路技術
2013 年	Tekelec	未公開	行動數據管理與變現軟體
2013 年	Big Machines	4 億美元	企業生產力
2013 年	Responsys	15 億美元	數位行銷
2014 年	MICROS Systems	53 億美元	銷售點系統
2016 年	Data Logix	未公開	消費者資料蒐集
2016 年	NetSuite	93 億美元	會計與財務

仁科（PeopleSoft）的惡名昭彰事件，而這起收購案讓
甲骨文獲得全球使用人數最多的管理軟體。[2] 下一個
目標則是業界頂尖的 CRM（客戶關係管理）公司希柏
（Siebel），要價 58 億美元。希柏公司的創辦人湯姆‧
希柏（Tom Siebel）是甲骨文的前員工，也是有如甲骨
文共同創辦人賴瑞‧艾利森般的奇才。仁科和希柏都是
建構出甲骨文未來提供全企業適用軟體的基本組件。多
年下來，甲骨文又增添了供應鏈、帳務、營收管理、客
服、商業智慧、商務、銷售點系統、行銷。2016 年 7 月，
甲骨文宣布將收購 NetSuite，並將以 93 億美元收購這
家提供全球最頂尖雲端會計軟體的公司。[3]

　　歷史都會重演，而在外部資料上也會看到類似的發
展。外部資料儲存庫本身是個搜尋引擎，因為外部資料
本質就屬於非結構化資料。除了中央外部資料儲存庫以
外，對於工作流程、商業邏輯、視覺化、分析工具的
需求也會日益增長——就像內部資料先前曾經歷過的一
樣。而如同 ERP 軟體，外部洞見也會發展成為全企業
皆適用的產品，並為每個部門都發展出客製化的功能。

　　**銷售部門將獲得智慧演算法的輔助，可用來蒐遍網
路，尋找能辨識出新潛在客戶的麵包屑。**這項軟體將提
供該推銷什麼、推銷給誰、什麼時候推銷的情報。假如
你不知道誰才是最有影響力的人或真正的決策者，這項

軟體也能在你的人脈中找出可以幫忙引介的最適合人選。

　　人資部門將有機器人為他們在網路上爬取，尋找要招募的最優秀新候補者。這些機器人，比方說，能夠密切關注 20 位最適合職缺的人選，並找到能暗示接觸對方最好時機的麵包屑。像是晉升、可行使認股權期限、領導變革、投資減少、週年紀念或裁員等觸發事件，全都能提供幫助，讓人資部門找到對的時機，推公司外部的有才之人一把，讓他們加入公司的行列。

　　財務部門將能仰賴先進軟體，挖掘豐富的網路資料，以便與關鍵競爭對手的績效進行即時的基準化比較。分析的方式將會是追蹤與競爭至關重要的各個層面，比如產品投資、銷售與行銷、顧客滿意度。這種分析方式將會把資料拆解到每個細節都不放過，以便瞭解市場、產品、人口數據的發展情形。

　　傳統的 ERP 和外部洞見是兩個互補的軟體類型，必須相互交流，緊密合作才行。ERP 主要聚焦在公司內部的營運效率，外部洞見則是設計成要關注企業外部。智慧演算法持續不斷追蹤外部資料流，將能找出模式，並在威脅和機會出現時給予通知。就像 ERP 解決方案在協助部門隨時掌握營運執行情況方面具有重大貢獻，外部洞見也能協助各部門隨時掌握變動的外部因素。

　　外部資料是下一個新領域。以系統性的嚴謹方式分析

開放網路每天產生的數十億資料點，今日以猜測為主的工作，將會被以事實為基礎的分析工具所取代，而這樣的分析能辨認出趨勢，預期未來發展。藉由攻克雜亂不堪的外部資料，公司企業將更懂得如何瞭解自己的競爭局勢，以及產業之後的走向。

ERP 和 BI 將決策轉變為利用營運資料的系統性學門。外部洞見則追蹤會對事業造成影響的外部因素，並將成為協助董事會、高階主管、部門職務進行決策的次世代軟體。

待解決的疑難問題 Oi

外部洞見

具有驚人潛力，不過目前仍處於剛萌芽的階段，而為了要徹底發揮外部洞見的潛力，必須要先解決一些困難的技術問題才行。

外部資料中的洞見不易取得。這些洞見深埋在大量的資料當中。資料本身都屬於高度非結構化，內容也包括了太多種語言。除此之外，這些資料也由各式各樣的資料類型所組成。若要取得深刻見解，把在網路新聞、專利申請書、徵才公告、法院文件和許多其他資料類型中

找到的各個相關點串連起來，至關重要。

　　本章將會探討數個這種類型的問題，並看看一些新創公司如何努力解決這些問題。

⌘ 預測分析

　　外部洞見展現的其中一個獨特之處，就是具有遠見的特性。如果某家公司增加了銷售部門新職缺的徵才公告，就表示該公司正在銷售方面挹注更多投資，競爭客戶的情況將會更為激烈。要將在網路找到的所有具備遠見的資料點，交織成考量到一切的預測，是相當複雜的過程，也需要謹慎結合對產業的深入瞭解，以及統計與機器學習方面的精熟技術。而終極目標，便是打造出來的演算法可以精準預測未來顧客需求、未來銷量、未來成本開發。由於今日可取得的資料集相當豐富，上述目標正逐漸朝可實現的方向邁進。

　　許多組織都在這個領域中努力奮鬥，不過，我覺得其中有一間格外有意思的公司，是理查·華格納在俄亥俄州成立的新創公司 Prevedere，先前曾在第 8 章曾提到過。華格納在成立 Prevedere 之前，任職於一家叫作博登化學（Borden Chemical）的化學公司，現已改名為邁圖（Momentive）。1998 年，該公司有興趣想朝食品、乳製品、工業產品發展（例如壁紙黏著劑和 Krazy Glue

快乾膠）。華格納負責實作和管理公司位於俄亥俄州都柏林（Dublin）的 ERP 系統。起初，該系統把重點放在將交易活動自動化，接著才附加上銷售、行銷、財務方面的應用。內部資料全都整合在一個儲存庫裡，以便商業智慧系統能提供一些有用的洞見。

「我們把所有系統都放進去，用我們的資料建立出很不錯的報告，」華格納說。「不過，公司主管階級的重要決策者，尤其是高層，卻從未看過這些報告一眼。即便我在他們早上進辦公室前，把這些來自 BI 系統的報告叫出來放在他們的電腦桌面上，他們也很少會去點閱。」

2010 年，華格納和公司的財務長一起走去開會。「我說：『嘿，我注意到負責決策的人通常都不看所有的資料——我們漏掉了什麼嗎？我要提供什麼，你們才會覺得有幫助？』」

華格納的財務長回說，他提供給高階主管的圖表都很有用，不過，「那些都是內部的歷史資料，我們也早已知道這樣的資料不能拿來做什麼」。財務長解釋說，業主——當時是一間私募股權公司——想要知道的是能檢視產業現況的外部驅力，像是能源、石油、天然氣、汽車、建設、房產，這些都會影響公司策略的決策。華格納的老闆要為一家生產各種產品的全球化學公司績效負責，因此需要涵蓋範圍廣泛的指標，比如要打入哪個

市場、退出哪個市場、原物料價格的波動、多個市場對產品和服務的需求。華格納聲稱那次的對話讓他產生了「頓悟」。

華格納想出了一個合理的解決方案，並和「美國化學協會」（American Chemistry Council）首席經濟學家凱文・史密斯談了他的想法，後者曾寫過一篇關於化學產業領先指標的論文。史密斯當時是用傳統方法取得研究所需的資料，即是以人工方式費力——研究和分析統計數據。華格納發覺，自己可以建立出一套讓這個過程自動化的軟體，某個優於經濟學家和產業專家「猜測」——他這麼表示——的產物，「完全是以事實為基礎的觀點，用以理解我們的需求會往哪裡發展——不只單純是往上或往下，或是我們在這個或那個週期裡，而是具體顯示出究竟會有多少需求，以及我們生產的每個產品適用於哪些市場。」。

華格納利用空閒時間，並在一名開發商的協助之下，打造出這個系統，在 2011 年實際應用於博登公司，之後才獨立門戶。如今，他的公司 Prevedere 成功協助了從 BMW 到百勝餐飲的《財星》1000 大企業，更加準確地預測客戶需求和未來銷量。Prevedere 已經成為企業績效預測業界的佼佼者，也在 2017 年年初宣布在募資輪獲得 1,000 萬美元的資金，把從矽谷創投公司和微軟創投募集而來的資金總額推向 2,000 萬美元。

　　引述華格納宣布募資時所說的話：「過去十年以來，公司企業都努力想將大數據和預測分析工具，真正納入規劃和決策的過程當中。Prevedere 排除了通往洞見的傳統障礙——例如取得即時資料、自動發現領先指標、建立直覺式預測模型——這正是為何全球企業都找上我們，為他們改善成果。」[1]

◌ 自然語言處理

　　分析外部資料的最主要障礙，就是電腦在理解文本上有困難。不過，名為自然語言處理（natural langauge processing，簡稱 NLP）的涵蓋廣泛研究領域，自從電腦誕生以來就在處理這個問題了。簡單來說，NLP 就是協助電腦學習文法和文本隱含意義的技術。電腦使用了NLP 的話，就能自動判斷一篇文章的立場，以及辨識出某間公司的名稱或某個品牌。NLP 是今日有待解決的難題之一，甚至連最尖端的演算法都稱不上是完美，不過，多虧了機器學習技術在處理能力和全新創新方面有大幅進展，NLP 便成了迅速發展的研究領域。

　　有一間名叫 Idibon 的新創公司，由史丹福博士畢業生羅伯‧蒙洛（Rob Munro）在 2014 年 10 月共同創辦，正為這個發展大規模實用 NLP 領域做出激動人心的貢獻。該公司的 NLP 被設計成本身就與語言無關（language agnostic），意即無需將任何特定的語言納入考量。

　　根據蒙洛所言，在任何一天當中，英語目前只占了全球口語溝通的 5% 而已。「英語在大部分的數位科技中早就成為少數語言了，以後在數位通訊中也會觸底，跌到差不多 10% 以下，」他說。未來也不會有優勢語言。中文會占到大約 10% 到 15%，英語和阿拉伯語是 5% 左右，西班牙語則是比這再少一點。這種現象代表各式各樣的語言將構成一個有如非常長的長尾曲線。

　　Idibon 軟體底層的人工智慧並不會預先假定任何語言，而是和使用者互動，建立起自己的知識庫。如今，Idibon 在 60 種語言下都能運作，包括字與字之間沒有空格的中文和日文，還有從右寫到左的語言，例如阿拉伯文和希伯來文，以及具有獨特書寫字母的語言，像是韓文。

　　「聯合國兒童基金會（UNICEF）將我們的軟體應用在數十種撒哈拉以南非洲地區的語言上，」蒙洛說。NLP 讓 UNICEF 能夠盡速處理關鍵的複雜資訊。舉例來說，在 UNICEF 資助國家中的人可以免費傳送簡訊給聯合國。當初建立這樣的機制，是為了讓政府間組織能夠進行調查，不過這個目的之後卻更進一步改變了。UNICEF 發現，該軟體還收到了民眾主動發來的大量簡訊：譬如說，有人回報某個村子淹水了，或是有老師被學生攻擊了。這類敏感又緊急的訊息需要迅速應對，或

是必須要轉達給能解決該問題的組織。

　　Idibon 也和汽車產業的客戶合作，檢視社群媒體，瞭解購買模式。「要買高價商品時，愈來愈多人會利用社群媒體，查看那些在網路上的人都買了些什麼，」蒙洛表示。這點讓 Idibon 能夠辨別出誰表達了想買車的意圖，準確度約達九成。

　　「只要拿我們研究汽車 14 個模型中的 10 個，就能顯示出購買意圖和美國國內實際的月銷量有關，」他說。「這比情感分析還要更上一層樓。這比公布的銷售額還領先了一步。要知道這些公司的股價可能會如何變化，像這樣的預測應用相當有用。或者說，如果你就是其中一間公司的內部人員，這種〔情報〕會很有用，因為這麼一來，你就知道應該要準備多少輛車。假如你是競爭對手，一樣會很有用，因為你就能知道有哪個競爭對手在當月勝過了你，以及可能的原因。」

資料科學

　　資料科學（data science）是一個概括性術語，指的是統計與數學技術，用來分析大量充滿雜訊的複雜資料集，比如在開放網路上找到的資訊。我們活在「大數據」的時代當中，被資料所淹沒——內部或外部皆是。我們想要得到手的寶貴洞見，可能會非常有價值，但卻經常

非常難以萃取。基於這些理由，資料科學家被認為是
21 世紀最迷人的工作。資料科學家最主要的工作，是
要抵銷掉資料雜訊和數據偏誤。解決這些問題以後，要
找出模式就會容易許多，而這正是通往洞見的第一步。
藉由應用回饋循環，電腦系統就能「學習」，而系統接
收愈多資料和回饋，就會更善於辨識出模式。像這樣的
學習經常被稱為「機器學習」或「人工智慧」（AI），
也是用於上述「預測分析工具」和「自然語言處理」的
核心技術。

　　全球最吸引人的其中一間資料科學公司就是 Kag-
gle，其總部位於舊金山，在 2010 年由經濟學家安東尼・
葛博倫（Anthony Goldbloom）和技術專家班・漢姆納
（Ben Hamner）共同創辦。Kaggle 以舉辦競賽聞名，
參賽者是來自全球各地的資料科學家，為了爭取獎金和
名聲而來。許多在 Kaggle 競賽中解決的問題都極其困
難。梅約診所（Mayo Clinic）在 Kaggle 的協助之下，
以群眾外包的方式尋求一種演算法，可以更早、更準確
偵測到癲癇病患的發作。微軟也得到了 Kaggle 的幫助，
籌辦競賽，改善了公司 Kinect 產品的手勢辨識功能。福
特也在 Kaggle 的幫助之下，開發出群眾外包的演算法，
可以更早偵測出駕駛出現昏睡的情況。

　　我覺得格外有趣的一個競賽，在 2012 年 11 月展開，
獎金有 10 萬美元，比起一般提供的金額要高出許多。[2]

奇異醫院挑戰賽（GE Hospital Quest challenge）嘗試要讓到美國醫院看醫生的過程更有效率。奇異公司估計，每年因為無用程序就浪費了 1,000 億美元，比方像是延誤了該進行的手續、不必要的等候時間、官僚的繁文縟節、遺失或損壞的設備。很關鍵的一點是，以上這些問題導致病人延誤了出院的時間，光這點就耗費了很大一部分的資源。

該競賽邀請隊伍打造一個產品——實際上是一個應用程式——藉由實現更上一層樓的營運效率，可以讓使用者簡化並最佳化顧客經驗。每一組參賽者都決定專注在體系中的特定痛點（pain point）——從協助病人更瞭解他們的出院後照護計畫，到確保能根據病人需求，讓醫護人員出現在需要他們的地方。

獲勝的是一款名為 Aidin 的應用程式，由羅斯·葛蘭尼（Russ Graney）、麥可·蓋爾博（Mike Galbo）、賈南·拉吉維卡倫（Janan Rajeevikaran）所設計——分別是一位前顧問轉職為策略專案經理、一位能源工程師、一位軟體開發人員——三人決定要聚焦在估計每年造成美國醫院損失 174 億美元的地方：再次入院的程序。他們使用的方法大量倚賴了基準化比較。當時，美國有 25% 的醫院病患在 30 天內從急性後期照護轉為再次入院。Aidin 讓整個程序更有效率的方式是，整合了出院管理程序的資料，向急性後期照護的醫療人員提供建

議，這表示提供服務的醫護人員多出了不必做行政工作的時間，能夠把重心放在帶來正向的病患結果。這項應用程式結合了數種外部資料，比如說美國醫療保險制度的資訊，和基準化數字，比方說提供急性後期照護服務的人員表現如何，再加上病患本身的資訊，以便打造最適合病人正在進行的急性後期照護計畫。

而可稱為「內部」的資料來自病患的在院紀錄：保險資訊、住家地址、出院後所需的照護類型。外部資料則取自 2 萬 5,000 名醫療服務提供者，像是復健機構、居家照護機構、養護機構。Aidin 並不是找來某個社工仔細研究文件，試著找出一間機構，最能符合病患的需求也有能力提供治療，而是取得由機構提供的外部資料，資料的類型像是醫療服務提供者的病患再次入院率或是醫療保險評等，顯示出醫療服務提供者有多常按照最佳方式進行，或是記錄到有多少比例的病患在照護過後，疼痛管理方面獲得了改善。Aidin 也用了像貓途鷹網站一樣的方式，從其他病患那裡蒐集資料，而這些病人則是在同一個地區接受過類似的治療。

Aidin 是個驚人的實例，展現出資料科學如何能用極為強效的方式，結合範圍廣泛的複雜資料集，打造出色至極的新解決方案，可以提供更好的醫療保健服務、省錢、讓人人都能做出事關自身生命的更明智決定。

⟨⟩ 在社群媒體中挖掘「讚」

「告訴我你吃什麼，我就能告訴你，你是怎樣的人」，這則名言出自美食家尚·昂鐵盧·布里亞－薩瓦蘭（Jean Anthelme Brillat-Savarin）在 1826 年所說的話。當代的改編版本會是「告訴我你喜歡什麼，我就能告訴你，你是怎樣的人」。就洞見而言，社群媒體是內容最為豐富的一種，上至消費者洞見，下至競爭情報。這種資料所能提供最吸引人的洞見，可以說並非那些能在資料集本身中發現的洞見，而是從那些在社群媒體中按讚和分享的人身上所能找到的洞見。原來只要分析一個人的「讚」和在社群媒體上的分享內容，就能以出乎意料的準確程度，判斷出這個人的相關資訊，例如性別、年齡、教育程度、薪資級距、音樂品味、政治傾向、性向。

在這個領域的其中一個先驅是 Philometrics，這家公司的創辦人是劍橋大學的心理學教授亞歷克斯·斯派克特（Alex Spectre）。斯派克特使用機器學習挖掘社群媒體的資料，以便建立臉書、推特、Instagram 活躍使用者的豐富背景資料。他最初應用這些社會背景資料時，是想改善顧客調查。

現今的量性研究會詢問顧客的性別、年齡、所處地區，接著也許會問十個關於正在研究產品的問題。斯派克特的方法是，將這份資訊再加上社群訊號，建立出受

試者更豐富的背景資料。想想你的臉書個人檔案——你張貼和按「讚」的內容類型、你正在追蹤的社團。要用極為準確的方式描繪出你是誰，是有可能的事：比如說，Philometrics 就能大致猜中你的薪水和教育程度。

「研究招募的焦點團體有缺點，也就是這些人絕對無法代表所有人類——這可是個問題，」斯派克特表示。傳統的研究方法需要提出直接的問題：比方說，你喜歡這兩幅畫中的哪一幅——達文西的還是畢卡索的作品？你比較喜歡哪支手機——有觸控螢幕的還是有鍵盤的？「調查沒辦法擴大規模，而如果採用更大的樣本數，代價會非常昂貴，」斯派克特說。「所以，一般組織通常都是詢問了幾百個人後，再推斷出概括的結論。」

這種調查方法的另一個主要缺點，就是人口中的變異性。「我和你並不同，」斯派克特。「而且你瞧！絕大多數有意思的部分也不會相同。處處都會出現差異：在地理上、橫跨年齡層、橫跨性別、橫跨種族、收入方面、政治方面，你能想像得到的每個層面都會出現差異。我們通常也忽略了這點，而我們就是沒有那個放手去做的決心。」

Philometrics 提出的見解是，我們可以運用社群媒體和其他行為資料來源，擴大消費者調查的規模。

Philometrics 的願景是建立一個平台，採用能夠預測回覆的機器學習模型，而組織透過這樣的自動化過程，

就能輕而易舉進行研究調查了。譬如說，客戶想要調查
500 到 1,000 人，但 Philometrics 可能就會送回一組有
13 萬人的資料集。「我們的下一步會是：我們該怎麼
做才能讓分析真的變得很容易？現在你有了那 13 萬人，
接下來只要點擊美國地圖上的一個座標就行了，」斯派
克特說。「它將成為一種方法，而這種方法不只保留給
具有專業技能還可取得大量資料的人，還開放給所有人
來使用。」

　　斯派克特提醒說，針對個人的預測準確程度還是有其
極限。不過，他認為模型還是相當有用，因為我們很少
會去在乎特定的人──或者該說，多數市場調查是為了
要瞭解各個族群（例如住在加州的千禧世代女性）。斯
派克特發展出來的研究方法，在針對個人的預測方面，
跨越了這些區分方式。彙整這些資料後，估計值中的多
數雜訊都會相互抵銷，就能得到還算不錯的族群平均估
計值。而這些族群正是行銷人想瞭解的族群。

將點串連起來

　　外部洞見最大的一項潛力，就是能夠將不同資料類型
中相關的點串連起來。想像一下，每份發表在網路上的
文件都可以用新發現的洞見來分析，而這些洞見都是依
據資料本身之間的關係儲存並分類。要從不同來源且經

常是不同語言的文本中推斷出意義，對機器來說極具挑戰，但知識圖譜（knowledge graph）可以協助揭露其中所暗藏的關聯。

舉例來說，分析了專利申請書後，我們會發現有個叫「凱瑟琳・拉森」（Catherine Larsen）的人，代表 IBM 獲得了一項專利。在推特上，可以看出她喜愛義大利酒，常去羅馬旅行。在 LinkedIn 上，可以得知她下個月在 IBM 就待滿八年了，以及自 2001 年以電機工程碩士學位畢業於加州大學柏克萊分校後，便在惠普公司以軟體開發人員的身分展開職涯，並在那裡工作了八年，才跳槽到 IBM。

挖掘範圍廣泛的資料類型時，可以在圖譜上將找到的洞見結合在一起。像這樣的圖譜，可以用來尋找沒有在任何挖掘資料中明確顯示出來的關係。例如，我們就能發現自家的工程副總，曾和凱瑟琳一同就讀過柏克萊分校，而我們有一位應徵者曾在凱瑟琳申請那個 IBM 專利時，為她工作過，還有我們的銷售副總去年待在羅馬的時候，她也在那裡。

圖譜是取得更深入洞見的強大工具，也是當前由火紅研發活動所主宰的一個技術領域。而圖譜的根本挑戰和消除公司名稱和人名的歧義有關。要理解發明專利的人，和推文說她剛抵達羅馬的人是同一個或不同的人，並不是簡單就能解決的問題。其中一個問題是她名字的

拼法可能會前後不一致。她的名字在專利上可能是拼成「Catherine Larsen」（凱瑟琳·拉森），在推特上則拼成「Cat Larsen」（凱特·拉森）。而還有上百個人可能也叫作這個名字，更讓問題雪上加霜。凱特也有可能在申請專利後結了婚，冠上夫姓。

圖譜領域當中有一間很有意思的公司，是總部位於舊金山的 Spiderbook。共同創辦人阿曼·奈伊馬特（Aman Naimat）和艾倫·弗萊契（Alan Fletcher）曾待在甲骨文公司數年，負責執行內部銷售和行銷的應用程式。兩人逐漸意識到，多數業務人員都不用那些應用程式，因為軟體不會顯示任何與他們工作中最重要元素有關的資訊：公司高牆以外的世界。

「以往的應用程式都是針對內部打造，」奈伊馬特說。「但業務人員的工作是什麼呢？他們工作時間有九成是花在應用程式以外的地方。然而，Salesforce、甲骨文、SAP 的應用程式，都是為業務人員花在公司內的那一成時間而打造。那麼，其他的九成要怎麼辦？技術人員就只是忽略掉了。」當然，真正對業務人員有幫助的是顧客意願（customer intention）：客戶會續約嗎？他們會買下次推出的產品嗎？他們對什麼感興趣？「就算你對顧客在外面世界做了什麼只瞭解一成，也比你能從公司內部獲得的一切，還擁有更多的資訊，」奈伊馬特表示。

奈伊馬特和弗萊契決定要打造出次世代的應用程式，基礎來自他們在史丹福期間聚焦於業務人員行為的研究。他們的新創公司 Spiderbook 本身就是個知識圖譜，以網路上的所有企業建構而成，其中的資料點包括了顧客、合作夥伴、供應商、個別企業投資的要素、企業職缺、企業優先項目。

「就本質來看，這就是網路，不過只要經營理念沒有提到的東西，我們全部都剔除掉了，像是公司，或是產品，或是和企業有關的人，」奈伊馬特說。

五年前，要達到這樣的成就，大概需要 1 億美元來打造基礎架構，才能處理 300 到 400 兆位元的資料。今日所需的成本只占了上述金額的一小部分。「我們大幅最佳化了流程和裝置，而只需要 750 美元，任何時候都能閱覽整個企業網路和流程，」奈伊馬特表示。

這個設計成能理解商用字彙的演算法，是從整個網路搜刮資料。而採用了自然語言處理，就意味著這個演算法能夠辨識出大家是怎麼表示，比方說一家製藥公司和一間能源公司之間的關係，或是一間科技公司和一家汽車製造商的關係。

「如果拿我們家的工具和一般的業務人員比較，它所展現的精準程度是十倍之多，」奈伊馬特說。「我們通常發現業務人員的回應率是 3% 左右。現在，我們有些客戶得到的回應率可以高達 20 到 30%。我們可以閱覽

一切的效果實在是太強大了,」奈伊馬特表示。

Google 出現以前的搜尋引擎只看關鍵字。Google 決定將相關的點串在一起,打造出網頁排名(PageRank)演算法,列出相連網站的排名。奈伊馬特聲稱 Spiderbook 真正的創新之處,在於能連結所有片段,將每個相關的網路資料點連在一起。

奈伊馬特舉了正與 Spiderbook 合作的一間健康新創公司為例。演算法搜尋了網路,分析了該公司也許能當作販售對象的數百萬家公司,辨識出 787 家值得一試的企業。「這個演算法不只是告訴你說,去這些公司販賣產品,同時也在過程中引導著你,」奈伊馬特說。「到了這個地步,Spiderbook 已經不再只是個工具了,因為不是你告訴它,你想要它做什麼——而是它告訴你,你應該要賣給哪家公司,比方說孟山都(Monsanto),它也會告訴你,讓我在過程中引導你,幫你辨識出哪些人最有可能答應,因為,他們有可能本身在經營部落格,或是分享了關於某個特定主題的 Slideshare 簡報。」

從 Spiderbook 的知識圖譜到 Philometrics 的社群訊號解讀、Ibdibon 的自然語言處理、Prevedere 的預測分析工具,所有這些新科技都在著手解決今日資料分析中的一些難題。他們並不是在孤軍奮戰。全球各地真的有上千家公司,正用各式各樣的方法,努力要解決這些問題。多虧了雲端運算能力的大幅進步和機器學習的不斷

創新，將外部洞見的潛力發揮到極致的可能性，比以往都還要來得高。因此，可以樂觀的說，多數技術障礙在不久的將來應該都會獲得解決。我們也能相信，幾年內，**外部洞見將會成為司空見慣的輔助**工具，協助每個部門和公司內的每個階層，做出適時的明智決策。

新資料來源

1990 年代中期，我還是個在挪威計算中心（Norwegian Computing Center）研究機器視覺和人工智慧的年輕科學家，我的其中一個任務，是要分析挪威山脈的衛星影像。分析的目的是要估計山上的冬季雪量。分析完成後，才能瞭解春季是否會有淹水的危險。這些資料還有另一個有趣的用途，因為冬季的雪量和挪威 278 座水力發電廠的供水量有關，因此也和未來電力產量和發電成本有關。

過去幾十年以來，繞行地球的衛星數量激增。過去幾年以來，衛星價格跌了好幾倍，而衛星所產生的影像卻相對來說愈來愈容易取得。以前，那些影像只有政府可

以取得，不過，由於現在價格已經下跌了，讓衛星影像也能作為一些商業上的用途。假如價格繼續下跌，我認為來自衛星和無人機的航空影像，將會成為次世代商業分析工具普遍使用的新資料來源。

◌ 軌道洞見

有間公司正將衛星影像帶往下一個境界，就是總部位於帕羅奧圖的軌道洞見（Orbital Insight）。該公司採用先進影響處理、機器視覺、以雲端為基礎的運算能力，用衛星影像來建立範圍廣泛的有趣商業洞見，像是數購物中心停車場中的車輛來估計零售銷量、計算商業建設工程的數量來打造關於中國經濟健康狀態的獨立資料、追蹤農業用地來預測農作物的產量等等。

根據軌道洞見的創辦人兼執行長詹姆斯·克勞佛（James Crawford），目前已經有辦法每天拍下全球各地共 800 萬平方公尺的影像，在不久的未來，這個數字則會增加十倍，原因是大量私人衛星新創公司將進入市場，此外，還會再增加十倍，這次是因為無人機出現在天空中已經變得相當尋常，而且無人機提供的影像品質也比衛星更高。

市場新進公司正在打造的衛星，小得不可思議，成本只需要以前的一小部分。衛星和無人機的數量日益增

長，意味著我們最終將能隨時取得全球每個城市的即時影像——而人類將無法處理如此龐大的資料量。因此，分析將交由機器完成。深度學習和人工智慧提高人類檢視影像的能力，並能發現全球各地的地緣經濟趨勢。

要累積可用於各種推論的強大消費者資料，附設大型停車場的大賣場會是潛在的豐富資料來源。比方說，軌道洞見研究停車場的影像，就能為金融服務客戶提供沃爾瑪或其他大賣場的季度績效預測資料。花好幾年彙整這種資料，就能創造出一張熱區圖，顯示購物者比較喜歡把車停在哪裡，以及其他的趨勢，像是購物行為的季節性模式和其他時間範圍，如一週中的幾天。比較兩個競爭對手，判斷誰表現得比較好，是有可能做到的事——這種資料對投資者來說極為寶貴。根據克勞佛所言，停車場中的活動和公司的股價有直接關係。

彙整大量資料能讓我們看出宏觀經濟趨勢，而其所提供的整體經濟表現洞見準確度更高，正是由於資訊的規模大小。軌道洞見從美國各地的 50 家零售連鎖店彙整了資料，以便瞭解宏觀的美國經濟。將來也會有愈來愈多商用無人機被拿來用於此目的。

隨著科技進步，克勞佛認為，就如同預測財務結果可利用這類資料，將來在瞭解商店績效並把情境納入考量時，則是透過瞭解總體趨勢、瞭解顧客行為，譬如消費者是不是很難到達某間商店、商店位置對銷量的影響、

城市和地區內的交通模式，以及預期會造成供應鏈中斷的事件，例如港口擁擠，或是主要供應商碰上了運輸問題。把全世界當成是可用大規模分析方式理解的地理空間問題——無論影像是來自無人機、行動手機計數，或是來自車聯網的車輛計數——可以提供重要資料給各個產業，包括零售、能源、保險、健康、金融，政府應用就更不必說了。

◌ 星球實驗室

有一間新創公司正在壓低商業應用衛星影像的價格，這家公司就是總部位於舊金山的**星球實驗室**（Planet Labs）。這間創投資金只略高於 1.51 億美元的公司，經營的是航太事業，利用現成材料，開發並打造低成本影像衛星，稱為「鴿子」（Dove），大小只比磚塊稍大一點，重量約為 9 磅（約 4 公斤）。這些衛星是以其他任務的乘客身分發射到軌道上，也就是搭載在火箭上，因此部署起來更加符合成本效益。每個鴿子衛星都不斷掃描著地球，飛越地面站時就把資料傳回來。所有鴿子衛星共同構成了一個星系，提供地球的完整影像，光學解析度達 3 到 5 公尺。鴿子衛星收集的影像，為氣候監測、農產量預測、都市計畫、災害應變提供了最新的相關資訊。

　　星球實驗室所擁有的模型，與美國航太總署（NASA）
般政府組織所用的非常不同。雖然無法直接拿來比較，
不過 NASA 在 2013 年 2 月發射的 Landsat 8 衛星，花了
8.55 億美元打造，大小有如卡車。[1]

　　星球實驗室自 2010 年成立以來，已經設計、建造、
發射了 70 顆衛星到太空中，比任何其他公司都還要多。
等到總共有 150 顆衛星在軌道上時（預計 2017 年會實
現），星球實驗室聲稱衛星將能每天傳回兩次影像，影
像則包含了整個地球。這樣大量蜂擁而來的影像，將會
建造出空前絕後的整個星球資料庫，可以用來阻止森林
大火，也許甚至是戰爭。

Terra Bella

　　也有一些其他組織正從太空繪製地球的地圖，包括
Google 的子公司 Terra Bella。該公司的衛星大小與迷你
冰箱差不多──跟星球實驗室的衛星一樣，也是由現成
零件打造而成──而衛星會將靜態影像和高畫質錄像傳
送回地球，這些資料接著就能用來瞭解像是卡車從配送
中心運送產品到零售業商店的移動情形、電力正在普及
的發展中國家的用電大小，或是城市附近海灣中會造成
變色的汙染物多寡。

　　所有這些資料都可為政府和非官方所用，而且就像對

科學家和環保人士來說很重要，對身處金融機構的經濟
學家和分析師來說也同樣重要，因為這些資料可用於建
立預測模型。假如可以從天上調查儲油槽，應該就能對
開採以及注入到全球市場的石油量有些概念。假如可以
分析有多少卡車從鴻海（Foxconn）在深圳的製造廠開
出來，就能大概得知下一款 iPhone 什麼時候會上市。

從宏觀到微觀

2016 年 7 月，日本科技投資公司軟銀（SoftBank）宣
布，將以 320 億美元收購英國晶片製造商安謀（ARM）。
[2] 這樣的出價以最後收盤價計算，是驚人的溢價 43%，
以歷來最高收盤價計算，溢價也達 41%（！）。

此次收購案象徵著軟銀對未來物聯網（Internet of
Things，IoT）的發展充滿信心，也是對未來變遷科技
趨勢的一筆投資，而根據 2016 年世界經濟論壇（World
Economic Forum）報告所估計，在未來十年的節省成本
和提高利潤方面，這股趨勢將創造 19 兆美元。

一般人很難理解這樣的價值創造究竟有多龐大，不
過，無論世界經濟論壇的報告是否準確，有一點很清
楚，那就是物聯網將會大規模衝擊全世界。

物聯網可以用非常簡單的方式來形容，即是具有處理
能力的數量龐大互連感應器。這些感應器可以嵌入到幾

乎是任何東西、任何地方裡。想像有個內嵌感應器的電燈泡，可以偵測到燈泡破損，於是將這份資訊傳送給清潔工，這個清潔工知道去哪裡能找到新燈泡，也知道需要什麼裝備才能換掉燈泡。像這樣的感應器可運用在製造業中，提升工廠效率和建立自動化系統；它們也能為物流流程增添更加精確的資料，為工作流程和公司企業帶來現在無法想像的許多好處。

至於物聯網和外部洞見之間很有意思的層面，就是前者所蒐集的新資料。**無可否認，許多物聯網的資料都將會是公司的內部資料，可以用來改善大量營運決策和作業流程，不過，也將會出現範圍廣泛的可公開取得物聯網資料，可供企業利用。**運用這種資料的實例是一些智慧城市計畫，在城市中展開實驗，像是阿姆斯特丹、巴塞隆納、斯德哥爾摩、新加坡。這些城市所追求的目標是要提高效率，並改善市民的生活品質，而官方所採取的部分行動，就是大範圍部署互連的智慧感應器，找出交通壅擠的地方、實踐用電最佳化、改善公共安全。在這過程中，他們蒐集並整合了大量資料。這些資訊有多少會公開供人取用並不清楚，不過，隨著感應器科技和處理能力所需的花費變得更便宜，一般人很容易就能想像得出來，未來的每條街上、每間家中、每個紅綠燈裡、每個十字路口上都散布著感應器，蒐集著可用於分析的資料。

天空中充斥著衛星和無人機,地面上的微小感應器則充斥在住家、人體(以可穿戴式科技的形式)、交通工具、週遭環境裡。兩者結合後可提供的資料包括影像、溫度、濕度、汙染程度、其他各式各樣的詳細資訊。

從外部洞見的角度來看,物聯網未來將提供新的豐富資料來源,讓公司企業能夠用來預測消費者行為、未來需求、競爭對手成功與否,以及現今還很難完全想像得到的其他各種洞見。

今日可在網路取得的資料,豐富到令人難以置信的程度。而每過一天,這樣的資料仍持續以指數成長。這還是物聯網真正起飛之前的情形。隨著新感應器科技變得愈來愈普遍,幾乎是任何東西都能被測量和記錄。光是物聯網本身所產生的資訊量,大概就和所有發表在網路上的資訊一樣多了。而無人機和衛星成像技術更進一步發展後,幾乎是全球每個角落都能用錄像、聲音、紅外線的方式監測並記錄。

我們現在擁有大量資料,但跟我們更進步後將會擁有的資料比起來,將會是小巫見大巫。**資料量將持續以指數方式成長。隨著資料不斷增加,就能從中得到更多洞見**。這些洞見將提高外部洞見的潛在價值,前提是我們發展出來的技術,能夠分析未來得應付的大量資料集。

外部洞見的可能疑慮

Oi

chapter

16

2016 年 11 月，唐納·川普（Donald Trump）出乎眾人意料之外，從美國總統大選中勝出。選戰結果與傳統民調相反，後者全都指出希拉蕊·柯林頓（Hillary Clinton）的贏面很大。新聞記者兼統計專家奈特·席佛（Nate Silver）的知名事蹟是在 2012 年美國總統大選時，正確預測了幾乎每一州的選舉結果，連他也完全落空，在選戰前夕他預測柯林頓勝出的機率是 71%。[1] 選舉結果究竟有多出人意料，從《紐約時報》在大選之夜剛開始時的預測就能略

總統大選勝出機率 — 2016 年 11 月 8 日

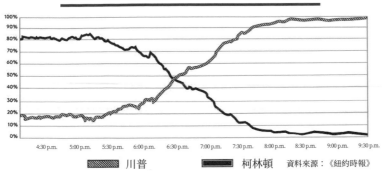

川普　　　　　柯林頓　　資料來源：《紐約時報》

知一二，該報估計希拉蕊・柯林頓勝選可能性達 80%。[2] 一夜下來，隨著開票結果陸續公布，這個數字經歷了大幅變動。

不過，有幾間分析公司對結果卻不感到意外。一家叫作 Genic.ai 的印度新創公司曾正確預測出前三次大選的贏家，在選舉結果出爐前，就先宣布說根據他們的模型，川普很有希望會勝選。[3]Genic.ai 使用的 2,000 萬資料點來自線上平台，像是 Google、YouTube、推特，並搭配人工智慧，以此做出預測。融文的社群媒體分析也顯示，川普在網路上獲得大力支持，尤其是在社群媒體之間。大選前一天，我們發表了針對兩位候選人標籤使用的分析，顯示川普勝出的機率可能是柯林頓的兩倍之多。[4] 幾個月前，類似的分析方法才剛正確預測出英國

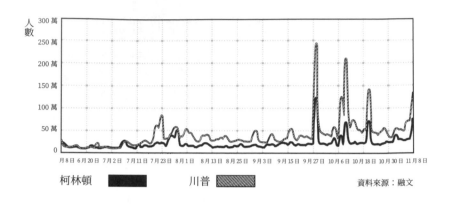

人數

300 萬
250 萬
200 萬
150 萬
100 萬
50 萬
0

月 8 日 6 月 20 日 7 月 2 日 7 月 11 日 7 月 23 日 8 月 1 日 8 月 13 日 8 月 25 日 9 月 3 日 9 月 15 日 9 月 27 日 10 月 6 日 10 月 18 日 10 月 30 日 11 月 8 日

柯林頓　　　　　川普　　　　　　　　資料來源：融文

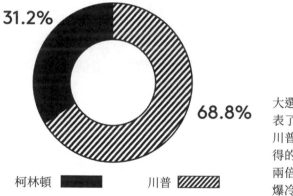

31.2%

68.8%

柯林頓　　　　川普

資料來源：融文

大選前一天，融文發表了分析結果，顯示川普在社群媒體上獲得的支持是柯林頓的兩倍，預測川普將會爆冷逆轉勝。

脫歐公投的結果。[5]

　　不論是英國脫歐公投還是川普勝選，都可結論出傳統民調已經不如以往可靠了，而在這兩件實例當中，社群媒體都提供了瞭解民眾真實意見的更有用線索。

　　川普的勝選定案後，記者和分析師都試著想理解，為

什麼這次民調如此不可靠。儘管民調總是會有一定程度的誤差，卻從未被證實能錯得如此離譜。究竟 2016 年有哪裡不同呢？

◎ 告訴我你喜歡什麼，我就能告訴你，你是怎樣的人

雖然目前無法找出這個問題的所有答案，但很清楚的一點是，川普陣營在社群媒體的競選活動方面，加倍投注了心力。據傳，川普的網路策略有一部分是來自一間稱為**劍橋分析**（Cambridge Analytica）的公司，其為英國行為研究與策略傳播公司 SCL 集團（SCL Group Ltd）的美國分公司。根據 2016 年 11 月 9 日的一篇《華爾街日報》文章，為劍橋分析提供部分資金的人是羅伯特·默瑟，一位電腦科學家兼量化避險基金文藝復興科技公司的共同執行長。[6]

主機板網站（Motherboard）在 1 月發表了一篇文章，標題為〈撼動世界的數據〉（The Data That Turned the World Upside Down），詳述了劍橋分析以社群媒體活動為基礎，建立了精細完善的心理計量模型，用來找出關鍵搖擺州中的未表態選民，並提出影響他們立場的方法。[7]

劍橋分析所採用的模型，類似於兩位劍橋大學博士生

米豪爾・科辛斯基（Michal Kosinski）和大衛・史迪威爾（David Stillwell）所做的研究，兩人結合了臉書上的「讚」和建立於 1980 年代稱為 OCEAN（五大人格特質模型）的心理計量模型，後者可用於預測一個人的需求、恐懼、行為模式。由於這個模型需要大量的調查資料，歷來都很難實際運用，不過，科辛斯基和史迪威爾利用臉書資料，彌補了這一點。他們的研究顯示，這種調查方式非常可靠。科辛斯基和史迪威爾聲稱，只要以使用者按的平均 86 個臉書「讚」為基礎，他們就能夠預測膚色（準確度達 95%）、性向（準確度 88%）、是傾向支持民主黨還是共和黨（85%）。除此之外，兩人也能夠判斷智力高低、宗教信仰，以及喝酒、抽菸、吸毒的情形。從上述資料中，甚至有可能推斷出某人的父母是否離婚了。

心理計量在川普爆冷勝選中究竟扮演了怎樣的角色，我們並不清楚。有些人主張，將社群媒體資料用於心理計量模型，仍未經過科學的嚴謹驗證。畢竟，在黨內初選時，利用劍橋分析的泰德・克魯茲（Ted Cruz）大敗給川普，而當時輔助川普本人的只不過是一個推特帳號，以及他付了 1,500 美元請一位自由業者東拼西湊成的一個簡單靜態網站。

◎ 2016 年美國總統大選引發的三處可能疑慮

不管利用臉書的「讚」對決定 2016 年美國總統大選的結果有多重要，這場大選帶出了關於三個重要方面的疑慮，而這些疑慮大致上也和外部洞見有關。

第一點是關於隱私。既然我們全都不斷在身後留下「讚」、推文、打卡、照片的蹤跡，要怎麼做才能從先進的演算法手中保護這些資料，不讓它用心理計量方式對我們進行側寫，並利用我們？

第二點是演算法本身所具有的危險。演算法會不會變得太聰明？究竟有沒有存在一條是演算法可以跨過的道德界線？

第三點是關於假新聞。2016 年總統大選期間，製造出了不少破壞力驚人的假新聞。網路上最廣為流傳的假新聞例子，就是有報導指出希拉蕊·柯林頓用披薩店主持戀童癖圈子的聚會[8]、民主黨想要在佛羅里達州施行伊斯蘭律法、川普支持者在曼哈頓的集會齊聲呼喊：「我們討厭穆斯林，我們討厭黑人，我們想要國家再次偉大起來」[9]。有趣的是，像這類的假新聞加深了既有選民基礎的信念，降低了傳統新聞來源的可信度。

◌ 我們該如何保護大眾隱私？

許多人主張，在今日這個年代，我們只得忘記有隱私這回事。由於社群媒體的成長，我們已經打開了通往**徹底透明化**（radical transparency）時代的大門，而包括 Google 的艾力克·施密特（Eric Schmidt）在內的許多人都認為，我們不得不接受隱私已經是過去式了。[16]

許多人不太擔心隱私的問題，這是因為他們對自己究竟分享了多少關於自身的資訊不以為意。比如說，你去一家餐廳吃晚餐，可能會發現自己被標記在其他人的近況更新當中。或是某個人可能在你不知道的情況下拍了你的照片。近況更新和照片都經常會標記上地理資訊，透露出你所在位置的資訊。

社群媒體到處充滿了關於你的資訊，像是你在哪裡吃飯、你和誰打交道、你去哪裡購物、你買哪種產品，以及一大堆你生活的其他細節。就算你本身在社群媒體上不是非常活躍，臉書、推特、Instagram、Pinterest、Snapchat 都會對你很瞭解，因為你的朋友曾在他們的社群媒體貼文中標記過你。

對許多人來說，這不是會讓他們擔心到睡不著覺的事，他們認為自己無須隱藏任何事。然而，只要分析了所有我們在網路留下的數位麵包屑，其所透露出關於我們自身的資訊，會比我們可能以為的還要多。分析一個

人臉書上的「讚」或是推特的時間軸,就有可能以極高的準確度,推斷出這個人的薪資級距、教育程度、性傾向、政治傾向。隨著時間過去,從社群平台蒐集而來的資料量與日俱增,智慧演算法也變得更聰明,側寫會變得更精準,也因此更具備侵犯隱私的能力。

美國的潛在雇主在面試時,是被禁止詢問與應試者的年齡、宗教信仰、性向或政治立場有關的問題。制訂這條法律,是為了要避免有人受到歧視。不過,雇主現在反正都還是可以從社群媒體一點一滴蒐集大部分的這類資訊。

2016 年的美國總統大選和劍橋分析採用的心理計量競選手段,都讓隱私的重要性浮上檯面。隨著分析工具更加先進,隱私無疑也會成為日益重要的議題。

演算法何時會聰明到失去控制?

每每談起演算法,我們都不斷要求要達到更精密、更準確的境界。表面上看起來,我們有愈好的演算法,似乎確實對我們愈好。其中一個例子,就是在分析顧客社群媒體的討論。演算法愈能更準確瞭解客戶的真正情感愈好。但這樣的法則真的永遠都適用嗎,還是會不會出現演算法引起重大道德問題的情況?

美國零售商標靶百貨的資料科學計畫在 2012 年登上

了頭條新聞，當時《富比士》雜誌報導，標靶百貨根據
一位女高中生的購買紀錄，將嬰兒服飾的折價券寄送給
她，在她還沒告訴父母前，就正確預測出她懷孕了。[11]
新聞被報導出來以後，有些人懷疑這個故事的真實性，
不過故事本身依然說明了，演算法很有可能會跨過道德
界線。

當演算法涉及到要推論一個人的個人或私人資訊時，
便是踏入了道德敏感的領域了。膚色、性向、政治傾向、
教育、薪資程度、智力、宗教信仰，全都是一般人平常
不太會直接分享的資訊，但演算法卻可以從許多資料點
推論得知，而這些資料點本身可能看似無傷大雅。這種
情況會造成許多道德兩難的局面。包含美國在內的許多
國家中，因年齡、宗教或性向而歧視應徵者是非法行
為。而在一些國家中，同性戀不合法。在這些情況下，
若存在可以推論出一般人敏感資訊的演算法，將會被利
用來歧視人，或甚至出現更糟的迫害行為。

演算法所碰觸到的一個最道德敏感領域，也許是被
拿去當作側寫工具，而這些側寫結果則用來構思能操縱
這些人行為的策略上。假如演算法先進到知道要激起某
種其想要的反應，該按下哪個按鈕，就成了危險的心理
武器。許多人認為，唐納·川普之所以能在大選前夕減
少黑人選票，是因為他的競選團隊針對黑人選民，在社
群媒體上放出了希拉蕊·柯林頓談到「超級掠食者」的

影片。柯林頓被指控使用該詞形容年輕的非裔美國人。一般預期黑人選民投給柯林頓的票會比川普的要多,因此,愈多黑人選民待在家,而不是出門投票,對川普更有利。

操縱民眾投給特定的一方聽起來很糟糕,不過如果仔細想想的話,我們隨時都置身於想以某種方式說服我們的訊息之中。我們都不斷受到精心為我們量身打造的廣告和訊息所轟炸。某些想要我們買特定一款牛仔褲,或喝某個品牌的清涼飲料;其他的則想要我們換工作、做公益或展開新的健身計畫。我們該怎麼劃清廣告和操縱之間的界線呢?唯一能區分兩者的就只有演算法的強度,對吧?

◎ 假新聞!

2016 年美國總統大選製造的假新聞故事,通常來自宣傳網站,接著則透過社群媒體散播出去。

新聞網站向來都有特定的政治立場,或多或少會影響其報導內容,不過,在 2016 年大選所出現的騷動中,那些完全造假的新聞故事,目的都是為了要傳達錯誤資訊以及製造混亂。

就如同假新聞的目的,是要捏造出不同於傳統新聞媒體所呈現的現實,外部洞見也預期可能會碰上公司製

造的許多假麵包屑，目的是想混淆並用計謀擊敗競爭對手。隨著外部洞見日益普及，像這樣的假麵包屑也會愈來愈常見，公司也會藉此來隱藏自身的真正意圖。這會導致製造假麵包屑的一方和能辨識出來的另一方展開軍備競賽。這場軍備競賽會非常類似於今日製造病毒和打造防毒軟體雙方之間的拉鋸戰。

新時代的開端

所有新科技本來就是為了要解決以前無法解決的問題，同時也會在不經意之間，產生必須要找到有效解決方法的新問題。就這方面而言，外部洞見也毫不例外。

上述概略描述的三個問題——如何保護隱私、如何確保演算法符合道德或使用時符合道德、如何應付自然就會出現的假麵包屑——全都是會令人擔憂的重要層面。我目前並沒有解決方法。我只是想讓大家對這些議題提高警覺。在匆忙實行外部洞見解決方案時，我認為也很重要的一點是，要留心可能衍生出來的道德議題，才能找到方法著手對付。如此一來，我們才能完全受益於外部洞見將能提供的所有好處。

外部洞見的 未來展望 Oi

chapter

17

我們住在一個被資訊所淹沒的世界裡。我們彼此之間的互動，以及與週遭世界的互動，愈來愈常是透過數位方式進行：行動手機、網路瀏覽器、電子郵件帳號、社群媒體帳號、通訊軟體。我們使用愈多的數位方式，就會產生愈多資料。無論是以個人還是公司的名義，我們全都會留下數位麵包屑。

本書探討到這些麵包屑現階段有很大一部分受到忽略，也討論了為何這是個不該錯過的大好機會，以及分析網路麵包屑如何有益於董事會、高階主管、行銷人、產品開發人員、風險管理人員、投資人。

　　儘管外部洞見現今仍處於萌芽階段，卻不應低估它的重要性。接納外部洞見觀念的企業在決策時，將具有資訊優勢，長期下來將會勝過沒有接納這種觀念的公司。為此，外部洞見將成為不可或缺的核心工具，供橫跨各個企業功能的經理人使用。

　　採用 Oracle、CRM、BI、ERP，將現代企業管理形塑成根據內部資料的資料驅動嚴謹實務。採用外部洞見也將帶來類似的作用，這次則是以外部資料為中心。隨著科技和軟體追上從開放網路獲得寶貴洞見複雜程序的腳步，外部洞見將變得和今日的 BI 和 CRM 一樣普遍，並迅速成為次世代管理工具箱中的一項最重要工具。

　　採用外部洞見將大幅改變企業營運管理的方式。它將為董事會帶來全新的透明化，也會將決策從被動回應改為主動出擊，高階主管則會把重點從營運效率，改擺在全盤瞭解公司所處產業的興衰起伏。

董事會的全新透明化

　　身為董事會的一員，往往很難完全瞭解企業營運方究竟都在做些什麼。董事會只能依照管理階層提出的資料行事。管理階層所呈現的說法都有資料和分析結果佐證，不過他們提出的展望無可避免會受到個人的看法和動機所影響。

　　納入了外部洞見後，就有可能根據第三方資料評估公司的績效。以同類型比較的方式與產業的同儕企業相較後，就有可能在不受管理階層報告和看法的影響之下，瞭解公司的發展現況。

　　將外部洞見帶入董事會會議室內，董事會就能針對具有遠見的關鍵領域，拿公司和競爭對手相比，再判斷公司的表現如何。這必然會改變討論的內容。與其花時間研究歷史資料，董事會反而可以評估策略性的問題，像是：自家品牌網路足跡的大小和顧客情感為何？和競爭對手相比，呈現出來的趨勢是上揚還是下滑？哪家公司有最滿意的客戶？這在過去 12 個月以來的趨勢是如何發展？我們在銷售和行銷方面投資了多少？我們的投資比產業平均多還是少？

　　像這樣的分析永遠無法取代管理報告，不過在讓董事會瞭解整體產業趨勢上卻極為有用。將外部洞見引進董事會會議室，能提供董事會成員很有用的背景，可用來解讀管理報告，並進行具有建設性的董事會討論。

　　在沒開董事會會議時，董事會成員可以使用即時的外部洞見儀表板，協助他們隨時掌握產業的脈動。

⬡ 從被動回應轉為主動出擊

　　今日的企業實務大量仰賴著像是財務資訊的內部資

料，不過，根據歷史財務結果做決策，是非常被動的經營公司方式。公司財務資訊是過去投資和活動的最終結果。研究財務資訊就像是在研究歷史事件的後果一樣。

一家公司的未來成果，就是公司維持既有事業並爭取新事業能力的展現。因此，公司競爭能力的核心，就是能深入瞭解市場上的競爭動態正如何變化。

有了外部洞見，就能即時偵測到競爭動態中的變化。外部洞見提供具有遠見的資訊，帶有公司競爭能力將如何發展的多項線索。客戶滿意度、廣告支出、徵才公告全都是例子。客戶滿意度可以透過即時分析得知，而結果呈現的趨勢可以指出未來是會流失客戶，還是贏得新客戶。假如競爭對手增加了廣告費，表示未來競爭壓力將會提高。徵才公告是投資的早期指標，並能指出競爭對手究竟投資的是銷售還是產品開發。

從分析內部資料轉換到外部洞見，就決策典範而言，是從被動反應轉為主動出擊。如財務資訊般的落後績效指標會被即時分析所取代，後者則能在競爭局勢出現新威脅和機會時發出通知提醒。市場和所處環境出現變化時，主動果決採取行動，才能保證長期維持成功不墜。

◌ 從營運效率到產業概況

內部資料是關於公司本身。聚焦在內部資料會培養出

只關注內部營運效率的企業文化。轉換至外部資料，就是將只關心營運的狹隘視野，以研究整體產業興衰起伏的周邊視野取而代之。

外部洞見強調要好好掌握外部市場的局勢變化，並不一定與集中在營運效率相抵觸。處於有利地位的企業經常會發揮優勢，因此能達到高營運效率。不過，採用了外部洞見方法的話，外部因素就永遠會是焦點，因為如果市場正在改變，讓公司變得無關緊要，那就算公司經營得像運轉良好的機器也沒有用處。

外部洞見接受了決定公司未來的不只有內部因素，而公司也置身在一個更廣的生態環境裡。一家公司會受到各式各樣的外部因素所影響，高階主管因此得要逐漸深入理解這點，才能成為替公司效力的成功盡責管家。

◲ 外部洞見的長期影響

外部洞見在短至中期能帶來的正面影響相當簡單易懂。由於決策過程會包含新類型的資訊，高階主管將能做出更多明智的決定。瞭解了外部因素中的即時趨勢，高階主管也會對市場中的變化更為敏感。

從長遠來看，外部洞見的影響將變得更加深遠，也很難過度誇大。促成這種發展的宏觀趨勢共有三個：加速成長的雲端運算能力、加速發展的人工智慧、加速成長

的外部資料。這些趨勢合起來將會以驚人的潛力，一同打造出外部洞見的軟體。

在未來，高階主管的工作將會與今日的工作看起來大為不同。決策將不再是以資料點和洞見為基礎，引導決策的反而是由人工智慧、賽局理論、情境分析輔助的未來結果預測。

在未來，支援高階主管的將會是大量的運算能力和強大人工智慧。任何可能的決策都會經過仔細分析，並由大型電腦叢集進行評分，而叢集處理的是競爭對手和生態環境中其他參與者的歷史和最新情報。競爭對手可能採取的反制行動將會按照可能性高低一一列出，並以相應的正面和負面結果進行評估。

資料分析到了這時候將會完全自動化。外部洞見軟體將會是感應外部世界的介面，而內部 ERP 系統則會是決策帶來得失結果的回饋循環。全由人工智慧構成的外部洞見大腦，將會是情境分析經理、高階主管、董事會、投資人所參考的神諭。

新時代

隨著世界沿著數位道路向前邁進，隨著機器變得更具智慧、資料科學日益發展完善，外部洞見將帶來深遠的影響，並徹底改變我們對於企業策略與決策的思維。

外部洞見具有顛覆如何經營管理公司企業的潛力。

外部洞見具有顛覆如何才能成為成功企業高階主管的潛力。

外部洞見出現後，企業將就此改變。

是時候踏上新時代的最前線了。

是時候擁抱改變了。

致謝
Acknowledgements

若沒有許多人從旁協助與持續支持，本書就永遠不會如此生動有趣。我得先謝謝我在企鵝藍燈書屋（Penguin Random House）的編輯丹尼爾‧克魯（Daniel Crewe）和基斯‧泰勒（Keith Taylor）。謝謝你們給予的所有支持。我極其感謝你們直到最後都對同時進行著多項任務的企業家如此有耐心。

若愛倫‧路易斯（Elen Lewis）和葛雷格‧威廉斯（Greg Williams）沒有深情協助和貢獻心力的話，本書就永遠只是在書寫一個想法而已。你們下了一番苦工，讓個案研究的內容有趣了起來，也引領我走過首次寫書會經歷坐雲霄飛車般的情緒起伏。你們從第一天開始就是我真正的夥伴，再多感謝也不夠。

外部洞見團隊的重要成員是一群非常了不起的人，努力協助編輯原稿、繪製圖例、設計書衣、架設網站、製作搭配的應用程式、

進行宣傳。在娜塔莎・尼沙（Natasha Nissar）和席雅・索科洛斯基（Natasha Nissar）的辛勤監督之下，這些工作都以軍事水準的嚴格標準執行。娜塔莎多年以來都是我關係最要好的一位同事，她用一百萬顆球玩雜耍的同時卻能不失冷靜，每每都讓我大感驚奇。謝謝妳是如此令人驚奇又優雅得體，還每天都能鼓舞人心。席雅・索科洛斯基在這次企劃的後半段才加入，她像旋風般克服重重困難，將一切迅速帶往終點線。謝謝尼克・阿科斯塔（Nick Acosta），謝謝你製作的漂亮圖例。謝謝烏蘇拉・泰瑞巴（Camy Anguilé），謝謝妳做的所有研究。謝謝凱咪・安奎爾（Camy Anguilé），謝謝妳一直在現場給予支持並管理團隊。

　　融文實驗室的團隊也值得我公開表達感激之情。由查德・哈姆爾（Chad Hamre）和羅伯特・里德佛爾克（Robert Rydefalk）率領的這個團隊，堅持不懈地打造出融水的第一個 OI 應用程式。關於本書的宣傳工作，我要向麥特・米奇爾森（Matt Michelsen）深表感謝，他是你在任何團隊中能找到最慷慨又最能給予幫助的傢伙了。我的伴侶維多莉亞・海恩斯（Victoria Haynes）雖然不是外部洞見團隊的正式成員，但從第一天起就一直是最支持我也提供最多意見的人。謝謝妳，維多莉亞，謝謝妳在無數個夜晚、週末、假期從不間斷給予鼓勵和支持。

許多人針對早期版本的原稿提出了回饋，激勵了我。謝謝你們抽空，也謝謝你們的誠實回饋。重要程度不分先後順序，我要謝謝戴格‧歐普達爾（Dag Opdal）、哈洛德‧貝格（Harald Berg）、萊納‧高里克（Rainer Gawlick）、哈洛德‧米克斯（Harald Mix）、麥特‧布洛德蓋特（Matt Blodgett）、文森‧庫文豪溫（Vincent Kouvenhowen）、麥特‧米奇爾森、布萊恩‧弗林（Brian Flynn）、亞當‧傑克森（Adam Jackson）、克里斯‧雷吉斯特（Chris Regester）、阿傑‧卡里（Ajay Khari）、安迪‧安（Andy Ann）、查德‧哈姆爾、羅伯特‧里德佛爾克、尼克‧考區（Nick Couch）、阿方‧布特（Affan Butt）、傑夫‧艾普斯坦（Jeff Epstein）、蓋瑞‧布里格斯（Gary Briggs）、C‧S‧朴（C. S. Park）、約翰‧布爾班克（John Burbank）、喬‧隆斯戴爾（Joe Lonsdale）、彼得‧圖方納（Peter Tufano）、凱西‧哈維（Kathy Harvey）、奧利佛‧金尼士（Oliver Guinness）、金相（Sang Kim）、朗格尼德‧席爾科薩（Ragnhild Silkoset）、布萊恩‧賽斯（Brian Soth）、吉姆‧大衛森（Jim Davidson）、賴瑞‧桑西尼（Larry Sonsini）。

最後，我也想趁這個機會感謝我在融文公司的同事。我和嘉德‧豪根（Gard Haugen）以前一同創辦這家公司，後來顏斯‧派特‧葛利騰堡（Jens Petter Glitten-

berg）也加入了我們的行列，那時候的事業還處於相當
雛型的階段，而儘管我們能拿得上檯面的東西少之又
少，居然有如此多那麼棒的人決定加入我們，讓我感到
很驚訝。謝謝過去和現在在融文工作的所有人。謝謝你
們願意相信這間挪威的小小新創公司，也謝謝你們付
出的一切努力和貢獻。我要特別感謝融文的資深員工
帕爾·拉森（Paal Larsen）、尼可拉斯·登拜許（Nik-
las de Besche）、卡維·羅斯坦普爾（Kaveh Rostamp-
or）、約翰·鮑克斯（John Box）、麥克·魯吉耶里（Mike
Ruggieri）、馬帝·赫南德茲（Marty Hernandez）、約
拿斯·歐普戴爾（Jonas Oppedal）、漢娜·歐爾奎斯特
（Hanna Orquist）、凱文·羅倫茲（Kevin Lorenz）、
米莉昂·安格布雷特森（Mirjam Engebretsen）。本書
的靈感就是直接源自於所有我們努力的成果、所有我們
所學、所有我們的夢想。為了我們一路下來一同經歷的
美好旅程，我再怎麼感謝你們也不夠。我再也找不到比
你們更棒的同事了。或是比與你們共度的更美好時光
了。為了這兩者，我永遠都感激不盡。

資料來源

前言

1. Jordan Novet, 'Apple Has Laid off All of Its Contract Recruiters, Source Says', VentureBeat, 25 Apr. 2016.

2. Emil Protalinski, 'Apple Sees IPhone Sales Fall for the First Time: Down 16.3% to 51.2 Million in Q2 2016', VentureBeat, 26 Apr. 2016.

第 1 章

1. Owen Mundy, 'About "I Know Where Your Cat Lives"', iknowwhereyourcatlives.com/about.

2. Kimberlee Morrison, 'How Many Photos Are Uploaded to Snapchat Every Second?', Adweek, 9 June 2015.

3. Mary Meeker, '2016 Internet Trends', Kleiner Perkins Caufield Byers, 1 June 2016.

4. Worldometers' RTS Algorithm. 'Twitter Usage Statistics', Twitter Usage Statistics. Internet Live Stats, n.d. <http://www.internetlivestats.com/twitter-statistics/>.

5. Kit Smith, '47 Incredible Facebook Statistics and Facts for 2016', Brandwatch, 12 May 2016. <https://www.brandwatch.com/blog/47-facebook-statistics-2016/>.

6. Kyle Brigham, '10 Facts About YouTube That Will Blow Your Mind', Linkedin Pulse, 26 Feb. 2015. <https://www.linkedin.com/pulse/10-facts-youtube-blow-your-mind-kyle-brigham>.

7. Chester Jesus Soria, 'NYPD Bust Alleged Gang Rivalry between Harlem Housing Projects', NY Metro, 4 June 2014.

8. Cyrus R. Vance Jr, 'District Attorney Vance and Police Commissioner Bratton Announce Largest Indicted Gang Case in NYC History', The New York County District Attorney's Office, 4 June 2014.

9. Alice Speri, 'The Kids Arrested in the Largest Gang Bust in NYC History Got Caught Because of Facebook', VICE News, 5 June 2014.

10. 'US Digital Display Ad Spending to Surpass Search Ad Spending in 2016', eMarketer, 11 Jan. 2016. <https://www.emarketer.com/Article/US-Digital-Display-Ad-Spending-Surpass-Search-Ad-Spending-2016/1013442>.

11. 'AAPL Historical Prices/Apple Inc. Stock: 1987–1998', Yahoo! Finance.

12. Dawn Kawamoto, 'Microsoft to Invest $150 Million in Apple', CNET, 6 Jan. 2009.

13. Verne Kopytoff, 'Apple: The First $700 Billion Company.' Fortune, 10 Feb. 2015. <http://fortune.com/2015/02/10/apple-the-first-700-billion-company/>.

第 2 章

1. 'ORCL Annual Income Statement', Annual Financials for Oracle Corp., MarketWatch. <http://www.marketwatch.com/investing/stock/orcl/financials>.

2. William Brown and Frank Nasuti, 'What ERP Systems Can Tell Us about Sarbanes-Oxley'. Information Management & Computer Security, 13.4: 311–27. doi: 10.1108/09685220510614434.

3. 'Gartner Says Worldwide IT Spending Is Forecast to Grow 0.6 Percent in 2016', Gartner, 18 Jan. 2016. <http://www.gartner.com/newsroom/id/3186517>.

4. 'Q4 FY16 SaaS and PaaS Revenues Were Up 66%, and Up 68% in

Constant Currency', Oracle Financial News, 16 June 2016. <http://investor.oracle.com/financial-news/financial-news-details/2016/Q4-FY16-SaaS-and-PaaS-Revenues-Were-Up-66-and-Up-68-in-Constant-Currency/default.aspx>.

5. Babson College, 'Welcome from the Dean'. <https://www.cnbc.com/2014/06/04/15-years-to-extinction-sp-500-companies.html>, accessed 24 January 2014.

6. Jacquie McNish and Sean Silcoff, *Losing the Signal: The Untold Story behind the Extraordinary Rise and Spectacular Fall of BlackBerry*. New York: Flatiron, 2016.

7. 'RIM's (BlackBerry) Market Share 2007–2016, by Quarter', Statista. <https://www.statista.com/statistics/263439/global-market-share-held-by-rim-smartphones/>.

8. Andrea Hopkins and Alastair Sharp, 'RIM CEO Says "Nothing Wrong" with BlackBerry Maker', Reuters, 3 July 2012. <http://www.reuters.com/article/us-rim-ceo-idUSBRE8620NL20120703>.

9. Brad Reed, 'BlackBerry Announces Major Job Cuts, Quarterly Net Operating Loss of $1 Billion', BGR Media, 20 Sept. 2013. <http://bgr.com/2013/09/20/blackberry-layoffs-announcement/>.

10. Jacquie McNish and Sean Silcoff, 'The Inside Story of How the iPhone Crippled BlackBerry', *Wall Street Journal*, 22 May 2015. <https://www.wsj.com/articles/behind-the-rise-and-fall-of-blackberry-1432311912>.

第 3 章

1. 'RaceTrac Petroleum on the Forbes America's Largest Private Companies List', *Forbes*, 30 Apr. 2016.

2. 'The History of Kodak', *Wall Street Journal*, 3 Oct. 2011. <https://www.wsj.com/news/articles/SB10001424052970204138204576605042362770666>.

3. Steve Hamm and William C. Symonds, 'Mistakes Made on the Road to Innovation', Bloomberg.com, 26 Nov. 2006. <https://www.bloomberg.com/news/articles/2006-11-26/mistakes-made-on-the-road-to-innovation>.

4. Kamal Munir, 'The Demise of Kodak: Five Reasons', *Wall Street Journal*, 26 Feb. 2012. <http://blogs.wsj.com/source/2012/02/26/the-demise-of-kodak-five-reasons/>.

5. Sue Zeidler, 'Kodak Sells Online Business to Shutterfly', Reuters, 2 Mar. 2012. <http://www.reuters.com/article/us-kodak-shutterfly-idUSTRE8202AY20120302>.

6. M. G. Siegler, 'Burbn's Funding Goes Down Smooth. Baseline, Andreessen Back Stealthy Location Startup', TechCrunch, 5 Mar. 2010.

7. M. G. Siegler, 'Instagram Filters through Suitors to Capture $7 Million in Funding Led by Benchmark', TechCrunch, 2 Feb. 2011.

8. 'The Instagram Community – Ten Million and Counting', Instagram, 26 Sept. 2011. <http://blog.instagram.com/post/10692926832/10million>.

9. Bonnie Cha, 'Apple Names Instagram iPhone App of the Year', CNET, 8 Dec. 2011. <https://www.cnet.com/uk/news/apple-names-instagram-iphone-app-of-the-year/>.

10. Alexia Tsotsis, 'Right before Acquisition, Instagram Closed $50M at a $500M Valuation From Sequoia, Thrive, Greylock And Benchmark', TechCrunch, 9 Apr. 2012.

11. Dan Primack, 'Breaking: Facebook Buying Instagram for $1 Billion', Fortune, 9 Apr. 2012. <http://fortune.com/2012/04/09/breaking-facebook-buying-instagram-for-1-billion/>.

12. Kim-Mai Cutler, 'Instagram Reaches 27 Million Registered Users and Says Its Android App Is Nearly Here', TechCrunch, 11 Mar. 2012. <https://techcrunch.com/2012/03/11/instagram-reaches-27-million-registered-users-shows-off-upcoming-android-app/>.

13. Dan Farber, 9 May 2012 3:38 am, BST. 'Zuckerberg Takes Heat for Hoodie on IPO Road Show', CNET, 8 May 2012. <https://www.cnet.com/uk/news/zuckerberg-takes-heat-for-hoodie-on-ipo-road-show/>.

14. Jillian D'Onfro, 'Mark Mahaney: How Facebook Is Taking Over the World', Business Insider, 9 Dec. 2015. <http://uk.businessinsider.com/mark-mahaney-rbc-capital-markets-presentation-on-facebook-2015-12?r=US&IR=T%2F#here-are-the-four-biggest-opportunities-ahead-9>.

15. Maya Kosoff, 'Here's How Two Analysts Think Instagram Could Be Worth up to $37 Billion', Business Insider, 16 Mar. 2015. <http://uk.businessinsider.com/instagram-valuation-2015-3?r=US&IR=T>.

第 4 章

1. 'Life Onboard', Volvo Ocean Race Press Zone, 29 Aug. 2014. <http://www.volvooceanrace.com/en/presszone/en/29_Life-onboard.html>.

2. Eugene Platon, 'Volvo Ocean Race 2014–15 Media Report', Issuu, 2 Dec. 2015. <https://issuu.com/eugene_platon/docs/volvo_ocean_race_2014-15_race_repor>.

3. 'Worldwide IT Software Spending 2009-2020', Statista. <https://www.statista.com/statistics/203428/total-enterprise-software-revenue-forecast/>.

4. 'Media Intelligence and Public Relations Information & Software Spend Topped USD2.6 Billion in 2014, Up 7.12%', Burton-Taylor International Consulting, 28 Apr. 2015. <https://burton-taylor.com/media-intelligence-and-public-relations-information-software-spend-topped-usd2-6-billion-in-2014-up-7-12-3/>.

5. 'Number of Registered Hike Messenger Users from February 2014 to January 2016', Statista. <https://www.statista.com/statistics/348738/hike-messenger-registered-users/>.

6. Parmy Olson, 'Facebook Closes $19 Billion WhatsApp Deal',

Forbes Magazine, 6 Oct. 2014. <http://www.forbes.com/sites/parmyolson/2014/10/06/facebook-closes-19-billion-whatsapp-deal/#7a3e843c179e>.

7. Jon Russell, 'India's WhatsApp Rival Hike Raises $175M Led by Tencent at a $1.4B valuation', TechCrunch, 16 Aug. 2016. <https://techcrunch.com/2016/08/16/indias-whatsapp-rival-hike-raises-175m-led-by-tencent-at-a-1-4b-valuation/>.

第 5 章

1. Michael Lewis and Jonas Karlsson, 'Betting on the Blind Side', *Vanity Fair*, 24 Sept. 2015. <http://www.vanityfair.com/news/2010/04/wall-street-excerpt-201004>.

2. 'The State of the Nation's Housing', Joint Center for Housing Studies of Harvard University. <http://www.jchs.harvard.edu/sites/jchs.harvard.edu/files/son2008.pdf>. See Figure 4, p. 4.

3. Roger C. Altman, 'The Great Crash, 2008', *Foreign Affairs*, 3 Feb. 2009. <https://www.foreignaffairs.com/articles/united-states/2009-01-01/great-crash-2008>.

4. Steve Blumenthal, 'On My Radar: Global Recession a High Probability', CMG, 20 Nov. 2015. <http://www.cmgwealth.com/ri/on-my-radar-glgh-probability/>.

5. Michael J. Burry, 'I Saw the Crisis Coming. Why Didn't the Fed?' *The New York Times*, 4 Apr. 2010. <http://www.nytimes.com/2010/04/04/opinion/04burry.html>.

6. Tyler Durden, 'Profiling "The Big Short's" Michael Burry', Zero Hedge, 20 July 2011. <http://www.zerohedge.com/article/profiling-big-shorts-michael-burry>.

7. Robert Peston, 'Northern Rock Gets Bank Bail Out', BBC News, 13 Sept. 2007. <http://news.bbc.co.uk/1/hi/business/6994099.stm>.

8. Paul Sims and Sean Poulter, 'Northern Rock: Businessman Barricades in Branch Manager for Refusing to Give Him   £1 Million Savings', *Daily Mail*, 15 Sept. 2007. <http://www.mailonsunday.co.uk/news/article-481852/Northern-Rock-Businessman-barricades-branch-manager-refusing-1-million-savings.html>.

9. David Lawder, 'U.S. Backs Away from Plan to Buy Bad Assets', Reuters, 12 Nov. 2008. <http://www.reuters.com/article/us-financial-paulson-idUSTRE4AB7P820081112>.

10. 'JPMorgan Chase and Bear Stearns Announce Amended Merger Agreement and Agreement for JPMorgan Chase to Purchase 39.5% of Bear Stearns', SEC, 24 Mar. 2008. <https://www.sec.gov/Archives/edgar/data/19617/000089882208000320/pressrelease.htm>.

11. 'A.I.G.'s $85 Billion Government Bailout', *The New York Times*, 17 Sept. 2008. <https://dealbook.nytimes.com/2008/09/17/aigs-85-billion-government-bailout/>.

12. 'Case Study: The Collapse of Lehman Brothers', Investopedia, 16 Feb. 2017. <http://www.investopedia.com/articles/economics/09/lehman-brothers-collapse.asp>.

13. Steve Fishman, 'Burning Down His House', *New York*, 30 Nov. 2008. <http://nymag.com/news/business/52603/>.

14. David Ellis, 'Lehman Posts $2.8 Billion Loss', Cable News Network, 9 June 2008. <http://money.cnn.com/2008/06/09/news/companies/lehman_results/>.

第 6 章

1. Richard Pallardy and John P. Rafferty, 'Chile Earthquake of 2010', *Encyclopædia Britannica*, 4 May 2016. <https://www.britannica.com/event/Chile-earthquake-of-2010>.

2. https://twitter.com/AlarmaSismos.

3. Amanda Coleman, 'A New Type of Emergency Plan', CorpComms, 10 Jan. 2011. <http://www.corpcommsmagazine.co.uk/features/1694-a-new-type-of-emergency-plan>.

4. Dom Phillips, 'Brazil's Mining Tragedy: Was It a Preventable Disaster?', *The Guardian*, 25 Nov. 2015. <https://www.theguardian.com/sustainable-business/2015/nov/25/brazils-mining-tragedy-dam-preventable-disaster-samarco-vale-bhp-billiton>.

5. 'Deadly Dam Burst in Brazil Prompts Calls for Stricter Mining Regulations', *The Guardian*, 10 Nov. 2015. <https://www.theguardian.com/world/2015/nov/10/brazil-dam-burst-mining-rules>.

6. Duane Stanford, 'Coke Engineers Its Orange Juice – With an Algorithm', Bloomberg, 31 Jan. 2013. <https://www.bloomberg.com/news/articles/2013-01-31/coke-engineers-its-orange-juice-with-an-algorithm>.

7. 'Walmart Announces Q4 Underlying EPS of $1.61 and Additional Strategic Investments in People & e-Commerce; Walmart U.S. Comp Sales Increased 1.5 Percent', Walmart Corporate. <http://corporate.walmart.com/_news_/news-archive/investors/2015/02/19/walmart-announces-q4-underlying-eps-of-161-and-additional-strategic-investments-in-people-e-commerce-walmart-us-comp-sales-increased-15-percent>.

8. 'Data, Data Everywhere', *The Economist*, 27 Feb. 2010. <http://www.economist.com/node/15557443>.

9. Pascal-Emmanuel Gobry, 'Why Walmart Spent $300 Million on a Social Media Startup', Business Insider, 19 Apr. 2011. <http://www.businessinsider.com/heres-why-walmart-spent-300-million-on-a-social-media-startup-2011-4?IR=T>.

10. Flightcompensation.com.

11. Lily Newman, 'Algorithm Improves Airline Arrival Predictions, Erodes Favourite Work Excuse', Gizmodo UK, 7 Apr. 2013. <http://www.gizmodo.co.uk/2013/04/algorithm-improves-airline-arrival-predictions-

erodes-favorite-work-excuse/>.

第 7 章

1. Matt Marshall, 'They Did It! YouTube Bought by Google for $1.65B in Less than Two Years', VentureBeat, 9 Oct. 2006. <http://venturebeat. com/2006/10/09/they-did-it-youtube-gets-bought-by-gooogle-for-165b-in-less-than-two-years/>.

2. Robert C. Camp, *Benchmarking: The Search for Industry Best Practices That Lead to Superior Performance*. University Park, IL: Productivity, 2007.

3. Felipe Thomaz, Andrew T. Stephen and Vanitha Swaminathan, 'Using Social Media Monitoring Data to Forecast Online Word-of-Mouth Valence: A Network Autoregressive Approach', Said Business School Research Papers, Sept. 2015. <http://eureka.sbs.ox.ac.uk/5842/1/2015-15. pdf>.

4. Frances X. Frei and Corey B.Hajim, 'Commerce Bank', Harvard Business School, Case 603-080, December 2002 (revised October 2006). <http:// www.hbs.edu/faculty/Pages/item.aspx?num=29457>.

5. United States Postal Service, 'Postal Facts 2015', USPS, 2015. <https:// about.usps.com/who-we-are/postal-facts/postalfacts2015.pdf>.

6. Phil Rosenthal, 'A Love Letter: The U.S. Postal Service Delivers under Tough Conditions', *Chicago Tribune*, 18 Jan. 2015. <http://www. chicagotribune.com/business/columnists/ct-rosenthal-us-mail-post-office-0118-biz-20150117-column.html>.

第 8 章

1. Matthew J. Belvedere, 'Caterpillar CEO: Big Misses Reflect "rough

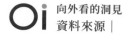
Patch" ', CNBC, 22 Oct. 2015. <http://www.cnbc.com/2015/10/22/caterpillar-earnings-revenue-miss-expectation.html>.

2. Kylie Dumble, 'The KPMG Survey of Environmental Reporting: 1997', KPMG, 2014. <https://assets.kpmg.com/content/dam/kpmg/pdf/2014/06/kpmg-survey-business-reporting.pdf>.

3. Martin Reeves, Claire Love and Philipp Tillmanns, 'Your Strategy Needs a Strategy', *Harvard Business Review*, September 2012.

4. Jim Edwards, 'We Finally Got Some Really Good Data on Just How Much Money Google Makes from YouTube and Google Play', Business Insider, 10 July 2015. <http://uk.businessinsider.com/stats-on-googles-revenues-from-youtube-and-google-play-2015-7?r=US&IR=T>.

第 9 章

1. 1 'Guinness World Records', Wikipedia, 22 Feb. 2017. <https://en.wikipedia.org/wiki/Guinness_World_Records>.

2. World Bank.

3. CIA World Factbook.

4. 'Duck and Run', *The Economist*, 12 Aug. 2009. <http://www.economist.com/node/14207217>.

5. Sasha Issenberg, 'How Obama Used Big Data to Rally Voters, Part 1', *MIT Technology Review*, 20 Mar. 2014. <https://www.technologyreview.com/s/508836/how-obama-used-big-data-to-rally-voters-part-1/>.

6. Niall McCarthy, 'How Much Does Money Matter in U.S. Presidential Elections?', *Forbes Magazine*, 28 July 2016. <http://www.forbes.com/sites/niallmccarthy/2016/07/28/how-much-does-money-matter-in-u-s-presidential-elections-infographic/#6a5f69a97c14>.

7. Michael Scherer, 'How Obama's Data Crunchers Helped Him Win', Cable News Network, 7 Nov. 2012. <http://edition.cnn.com/2012/11/07/tech/web/obama-campaign-tech-team/>.

8. '2014 State of B2B Procurement Study: Uncovering the Shifting Landscape in B2B Commerce', Accenture, 24 June 2015. <https://www.accenture.com/t20150624T211502__w__/us-en/_acnmedia/Accenture/Conversion-Assets/DotCom/Documents/Global/PDF/Industries_15/Accenture-B2B-Procurement-Study.pdf>.

9. Stephen Pulvirent, 'How Daniel Wellington Made a $200 Million Business out of Cheap Watches', Bloomberg, 14 July 2015. <https://www.bloomberg.com/news/articles/2015-07-14/how-daniel-wellington-made-a-200-million-business-out-of-cheap-watches>.

10. Kara Lawson, 'Shareablee Exclusive Series: Daniel Wellington Watches', Shareablee Blog, 8 June 2015. <http://blog.shareablee.com/shareablee-exclusive-series-daniel-wellington-watches>.

11. James O'Malley, 'How to Get a One Plus One Phone without an Invite', Tech. Digest, 9 Feb. 2015. <http://www.techdigest.tv/2015/02/how-to-get-a-one-plus-one-phone-without-an-invite.html.>.

12. Angela Doland, 'OnePlus: The Startup That Actually Convinced People To Smash Their iPhones', Advertising Age, 10 Aug. 2015. <http://adage.com/article/cmo-strategy/oneplus-convinced-people-smash-iphones/299875/>.

13. Patrick Barkham, 'Zip Up, Look Sharp: The OnePiece Roadtested', Guardian, 26 Nov. 2010. <https://www.theguardian.com/lifeandstyle/2010/nov/26/onepiece-mens-fashion>.

14. 'OnePiece Story & Legacy', OnePiece, n.d. <https://www.onepiece.co.uk/en-gb/onepiece>.

15. https://twitter.com/onepiece/status/536575565567127552.

第 10 章

1. Jeff Prosise, 'The Netscape Security Breach', PC Magazine, 23 Apr. 1996.

2. 'Netscape Announces "Netscape Bugs Bounty" with Release of Netscape

Navigator 2.0 Beta', Netscape, 10 Oct. 1995. <http://web.archive.org/web/19970501041756/www101.netscape.com/newsref/pr/newsrelease48.html>.

3. J. Donald Fernie, 'The Harrison-Maskelyne Affair', *American Scientist*, Oct. 2003. <https://www.jstor.org/stable/27858269?seq=1#page_scan_tab_contents>.

4. Vlad Savov, 'The Entire History of IPhone vs. Android Summed Up in Two Charts', The Verge, 1 June 2016. <http://www.theverge.com/2016/6/1/11836816/iphone-vs-android-history-charts>.

5. Marion Debruyne, *Google Books*. London: Kogan Page, 2014.

6. Olivia Solon, 'Fiat Releases Details of First Ever Crowdsourced Car', *WIRED*, 23 May 2016. <http://www.wired.co.uk/article/fiat-mio>.

7. 'A Global Innovation Jam', IBM, n.d. <http://www-03.ibm.com/ibm/history/ibm100/us/en/icons/innovationjam/>.

8. Richard Bak, *The Big Jump: Lindbergh and the Great Atlantic Air Race. Hoboken*, NJ: John Wiley & Sons, 2011.

9. 'The Ansari Family', XPRIZE, 19 Apr. 2016. <http://www.xprize.org/about/vision-circle/ansari-family>.

10. David Leonhardt, 'You Want Innovation? Offer a Prize', *The New York Times*, 30 Jan. 2007. <http://www.nytimes.com/2007/01/31/business/31leonhardt.html>.

11. Alan Boyle, 'Gamers Solve Molecular Puzzle That Baffled Scientists', NBCNews.com, 18 Sept. 2011. <http://www.nbcnews.com/science/science-news/gamers-solve-molecular-puzzle-baffled-scientists-f6c10402813>.

12. 'Two Billion Dollars', Kickstarter, 11 Oct. 2015. <https://www.kickstarter.com/2billion>.

13. Darrell Etherington, 'Pebble Hits Its $500K Kickstarter Target for Pebble Time in Just 17 Minutes', Tech Crunch, 24 Feb. 2015. <https://techcrunch.com/2015/02/24/pebble-hits-its-500k-kickstarter-target-for-

pebble-tim-in-just-17-minutes/>.

第 11 章

1. P. D. Darbre, A. Aljarrah, W. R. Miller, N. G. Coldham, M. J. Sauer and G. S. Pope, 'Concentrations of Parabens in Human Breast Tumours', *Journal of Applied Toxicology*, 24.1 (2004): 5–13.

2. 'Opinion of the Scientific Committee on Consumer Products on the Safety Evaluation of Parabens', European Commission Health & Consumer Protection Directorate-General, 28 Jan. 2005. <https://ec.europa.eu/health/ph_risk/committees/04_sccp/docs/sccp_o_019.pdf>.

3. 'Restricted Substances List Policy – RB', Reckitt Benckiser, n.d. <https://www.rb.com/responsibility/policies-and-reports/restricted-substances-list-policy/>.

4. 'Palm Oil', Commodities: Palm Oil. Indonesia-investments, 2 Feb. 2016.

5. Belinda Arunarwati Margono, Peter V. Potapov, Svetlana Turubanova, Fred Stolle and Matthew C. Hansen, 'Primary Forest Cover Loss in Indonesia over 2000–2012', *Nature Climate Change*, 4.8 (2014): 730–35.

6. Tim Fernholz, 'What Happens When Apple Finds a Child Making Your iPhone', Quartz, 7 Mar. 2014. <https://qz.com/183563/what-happens-when-apple-finds-a-child-making-your-iphone/>.

7. 'HSBC, StanChart to Pay $2.6b US Fines', *Financial Express* [Dhaka], 12 Dec. 2012. <http://print.thefinancialexpress-bd.com/old/index.php?ref=MjBfMTJfMTJfMTJfMV8xXzE1Mjk3Mg>.

8. 'HSBC Became Bank to Drug Cartels, Pays Big for Lapses', CNBC, 11 Dec. 2012. <http://www.cnbc.com/id/100303180?view=story&%24DEVICE%24=native-android-mobile>.

9. 'Starboard Contacted by Suitors for Yahoo Core Biz', CNBC, 6 Jan. 2016. <http://www.cnbc.com/2016/01/06/starboard-values-ceo-contacted-by-potential-buyers-of-yahoo-core-biz.html?view=story&%24

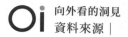
DEVICE%24=native-android-mobile>.

10. Michael J. De La Merced and Vindu Goel, 'Yahoo Agrees to Give 4 Board Seats to Starboard Value', *The New York Times*, 27 Apr. 2016. <https://www.nytimes.com/2016/04/28/business/dealbook/yahoo-board-starboard.html>.

11. Tom DiChristopher, 'Verizon to Acquire Yahoo in $4.8 Billion Deal', CNBC, 25 July 2016. <http://www.cnbc.com/2016/07/25/verizon-to-acquire-yahoo.html>.

12. Stephen Foley and Jennifer Bissell, 'Corporate Governance: The Resurgent Activist', *Financial Times*, 22 June 2014.

第 12 章

1. 'Akkadian Ventures Closes over $74 Million and Expands Team for Secondary Investing', PR Web, 28 Oct. 2014. <http://www.prweb.com/releases/2014/10/prweb12283611.htm>.

2. Adam Ewing, 'Buyout Fund EQT Starts $632 Million Venture Arm Targeting Europe', Bloomberg, 26 May 2016. <https://www.bloomberg.com/news/articles/2016-05-26/buyout-fund-eqt-starts-632-million-venture-arm-targeting-europe>.

3. Seshadri Tirunillai and Gerard J. Tellis, 'Does Online Chatter Really Matter? Dynamics of User-Generated Content and Stock Performance', 2011. <http://pubsonline.informs.org/doi/abs/10.1287/mksc.1110.0682?journalCode=mksc>.

4. https://www.winton.com/en/.

5. Stephen Taub, 'The 2016 Rich List of the World's Top-Earning Hedge Fund Managers', *Institutional Investor's Alpha*, 10 May 2016. <http://www.institutionalinvestorsalpha.com/Article/3552805/The-2016-Rich-List-of-the-Worlds-Top-Earning-Hedge-Fund-Managers.html>.

6. Richard Rubin and Margaret Collins, 'How an Exclusive Hedge Fund

Turbocharged Its Retirement Plan', Bloomberg, 16 June 2015. <https://www.bloomberg.com/news/articles/2015-06-16/how-an-exclusive-hedge-fund-turbocharged-retirement-plan>.

7. Nathan Vardi, 'America's Richest Hedge Fund Managers In 2016', *Forbes Magazine*, 4 Oct. 2016. <https://www.forbes.com/sites/nathanvardi/2016/10/04/americas-richest-hedge-fund-managers-in-2016/#6230f9574e2f>.

第 13 章

1. Alex Williams, '$45 Billion Later, Larry Ellison Says No Major Acquisitions For Next Few Years', TechCrunch, 2 Oct. 2012.

2. Margaret Kane, 'Oracle Buys PeopleSoft for $10 Billion', CNET, 13 Dec. 2004. <https://www.cnet.com/uk/news/oracle-buys-peoplesoft-for-10-billion/>.

3. 'Oracle Buys NetSuite', Oracle, 28 July 2016. <https://www.oracle.com/corporate/pressrelease/oracle-buys-netsuite-072816.html>.

第 14 章

1. 'New Funding Will Be Used to Expand the Reach of the Predictive Analytics Solution', PRWEB, 9 Mar. 2017. <http://www.wpsdlocal6.com/>.

2. Tomas Kellner, 'Touch Down: GE's Quest to Know When Your Flight Will Land', General Electric, 3 Apr. 2013. <http://www.gereports.com/post/74545138591/touch-down-ges-quest-to-know-when-your-flight/>.

第 15 章

1. William Harwood, 'NASA Launches $855 Million Landsat Mission', CBS

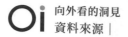
News, 11 Feb. 2013. <http://www.cbsnews.com/news/nasa-launches-855-million-landsat-mission/>.

2. Chang-Ran Kim and Kate Holton, 'SoftBank To Buy UK Chip Designer ARM in $32 Billion Cash Deal', Reuters, 18 July 2016. <http://www.reuters.com/article/us-arm-holdings-m-a-softbank-group-IDUSKCN0ZY03B>.

第 16 章

1. Dana Milbank, 'No Matter Who Wins the Presidential Election, Nate Silver Was Right', *Washington Post*, 8 Nov. 2016.

2. Amanda Cox and Josh Katz, 'Presidential Forecast Post-Mortem', *The New York Times*, 15 Nov. 2016.

3. Andrew Buncombe, 'AI System That Correctly Predicted Last 3 US Elections Says Donald Trump Will Win', *The Independent*, 28 Oct. 2016.

4. Hanna Frick, 'Donald Trump Populärast I Sociala Medier', Digitalt. Dagens Media, 8 Nov. 2016. <http://www.dagensmedia.se/medier/digitalt/donald-trump-popularast-i-sociala-medier-6803093>.

5. Sophie Hedestad and Hannes Hultcrantz, 'Meltwater: Så förutsåg vi Brexit', Resumé, 28 June 2016. <https://www.resume.se/nyheter/artiklar/2016/06/28/meltwater-sa-forutsag-vi-brexit/>.

6. Bradley Hope, 'Inside Donald Trump's Data Analytics Team on Election Night', *Wall Street Journal*, 9 Nov. 2016. <https://www.wsj.com/articles/inside-donald-trumps-data-analytics-team-on-election-night-1478725225>.

7. Hannes Grassegger and Mikael Krogerus, 'The Data That Turned the World Upside Down', Vice Motherboard, 28 Jan. 2017. <https://motherboard.vice.com/en_us/article/how-our-likes-helped-trump-win>.

8. www.politifact.com/truth-o-meter/article/2016/dec/05/how-pizzagate-

went-fake-news-real-problem-dc-busin/.

9. www.politifact.com/florida/statements/2014/may/08/blog-posting/florida-democrats-just-voted-impose-sharia-law-wom/.

10. Ryan Tate, 'Google CEO: Secrets Are for Filthy People', Gawker Media, 4 Dec. 2009. <http://gawker.com/5419271/google-ceo-secrets-are-for-filthy-people>.

11. Kashmir Hill, 'How Target Figured Out a Teen Girl Was Pregnant Before Her Father Did', *Forbes*, 16 Feb. 2012. <http://www.forbes.com/sites/kashmirhill/2012/02/16/how-target-figured-out-a-teen-girl-was-pregnant-before-her-father-did/#4df94eb134c6>.

向外看的
洞見

如何在資訊淹沒的世界找出最有價值的趨勢？

Outside Insight

Navigating a World Drowning in Data

Jorn Lyseggen

約恩・里賽根——著

王婉卉——譯

國家圖書館出版品預行編目 (CIP) 資料

OI 向外看的洞見：如何在資訊淹沒的世界找出最有價值的趨勢？
約恩．里賽根 (Jørn Lyseggen) 著；王婉卉譯
初版・臺北市：大寫出版：大雁文化發行，2018.10
面；15*21 公分（使用的書 In Action；HA0089）
譯自：Outside insight : navigating a world drowning in data
ISBN 978-957-9689-13-7(平裝)
1. 商業管理 2. 資料探勘
494.1   107010883

大寫出版

書系 ■ 使用的書— In Action　書系號 ■ HA0089

著者 約恩・里賽根　譯者 王婉卉

行銷企畫 郭其彬、王綬晨、邱紹溢、張瓊瑜、余一霞、陳雅雯、汪佳穎
大寫出版 鄭俊平、沈依靜、李明瑾
發行人 蘇拾平

發行 大雁文化事業股份有限公司
電話（02）27182001　傳真（02）27181258
地址 台北市復興北路 333 號 11 樓之 4
E-mail: andbooks@andbooks.com.tw
大雁出版基地官網：www.andbooks.com.tw
初版一刷 ◎ 2018 年 10 月 定價 ◎ 350 元
ISBN ◎ 978-957-9689-13-7